从小培养创造力

应卫强·编著

吉林文史出版社

图书在版编目（CIP）数据

从小培养创造力 / 应卫强编著 . —长春：吉林文
史出版社，2017.5
　ISBN 978-7-5472-4318-3

　Ⅰ . ①从… Ⅱ . ①应… Ⅲ . ①创造能力—青少年读物
Ⅳ . ① G305-49

中国版本图书馆 CIP 数据核字（2017）第 140203 号

从小培养创造力
Congxiao Peiyang Chuangzaoli

编　　著：应卫强
责任编辑：李相梅
责任校对：赵丹瑜
出版发行：吉林文史出版社（长春市人民大街 4646 号）
印　　刷：永清县晔盛亚胶印有限公司印刷
开　　本：720mm×1000mm　1/16
印　　张：12
字　　数：129 千字
标准书号：ISBN 978-7-5472-4318-3
版　　次：2017 年 10 月第 1 版
印　　次：2017 年 10 月第 1 次
定　　价：35.80 元

目 录
CONTENTS

第一辑

多动手，巧意生

会玩的孩子会成功

"破坏"也是一种创造

会玩的孩子会成功

玩耍是孩子的天性，但是不同的玩法会导致绝然不同的结果。如果一味贪玩，那只是陡然浪费时间，正确的玩法却能玩出名堂。

高斯是 19 世纪伟大的数学家。1785 年，小高斯在德国农村的一所小学里念书。学校的老师是从大城市里过来，对农村的孩子有偏见，总认为农村的孩子不如城里的孩子聪明伶俐。不过，老师对他们的学习要求还是非常严格。

这些孩子中，老师最不喜欢的就是小高斯，因为他穿得邋里邋遢的，还爱调皮捣蛋。

一次上数学课的时候，小高斯认为老师讲的内容太简单了，便在座位上玩耍起来。老师很生气，觉得这个孩子太贪玩了。为了"惩罚"高斯，他在黑板上写了一道很难的算术题。

老师说："1加2加3，一直加到100，等于多少？谁算不出来，不准回家吃饭。"说完，他就坐在一边的椅子上，用目光盯着趴在桌子上演算的高斯。

但不到1分钟的时间，小高斯站了起来，手里举着小石板，说："老师，我算出来了……"

没等小高斯说完，老师就不耐烦地说："怎么可能！重新再算！"

小高斯很快地把算式检查了一遍，高声说："老师，没有错！"说着走下座位，把小石板伸到老师面前。

老师低头一看，看见上面端端正正地写着"5050"，不禁大吃一惊。他简直不敢相信，一个8岁的孩子用不到1分钟时间就算出了正确的得数。要知道他自己算了一个多小时，算了三遍才得出结果的。他怀疑以前别人让小高斯算过这道题，便问他："你是怎么算的？"小高斯回答说："我不是按照1、2、3的次序一个一个往上加的。老师，你看，一头一尾的两个数的和都是一样的：1加100是101，2加99是101，3加98也是101……把一前一后的数相加，一共有50个101。101乘以50，得数是5050。"

小高斯的回答让老师大吃一惊。他惊喜地看着小高斯，好像刚刚认识这个穿着破烂不堪的砌砖工人的儿子。

这是高斯读小学的时候发生的一件事情。

高斯长大后，非常痴迷数学，经常整日整夜在数学世界里畅游。19岁那年，他发明了"十七等分圆周法"；20岁那年，他创作了《数形奥秘》、《排列组合》等论文；30岁那年他独创了"解析几何"的理论体系，并在德国格丁根大学担任数学教授。

当别人问他如何具备超人的数学创作力时，高斯回答说："我的创造力是玩出来的。"

"什么？玩出来的？"那位提问者大吃一惊。

"说起来你可能不相信，但事实确实如此。小时候，我很贪玩，但我的父亲并不因此而责备我，相反常常鼓励我去玩耍。我的父亲是个砖厂工人，我常常跟着他去工地玩。父亲工作的时候，我就跟在他后面，看他如何砌砖头，如何码砖头。父亲将工地上的砖头码得整整齐齐的，我觉得非常有趣，便常常去数那些砖块的数目。父亲见我玩得不亦乐乎，也常常跟我一起玩，还夸赞我很聪明。在工地上，工人们常常会整理砖头的数量，我就帮他们数数，我比他们数得快多了。就这样，在长时间的观察父亲堆砌砖瓦的劳动中，我渐渐发现了形的概念和数的概念的关系，并由此对数学产生浓厚的兴趣。"

"原来如此！"旁边的人都觉得太不可思议了。

高斯深情地回忆道："小时候，我的家境并不好，但我却庆幸有位通情达理的父亲。如果我的父亲不鼓励我玩，不带我到砖窑厂玩耍，那我不可能与数学结缘，也就没有今天的成就。所以，我很感谢我的父亲，他激发了我对数字的好奇心，他的鼓励让我有了不一般的创造力。"

高斯的成长经历说明，会玩的孩子更聪明，会玩的孩子也能大有作为。孩子们在玩耍的过程中，很可能对某些事物产生好奇心，再由好奇心转化为专一的兴趣爱好，激发出创造的潜能。这种转化便给孩子的成长和成功带来了契机，这种契机对提升创造力非常重要。

常言说得好："兴趣是最好的老师。"倘若没有自由玩耍的机会，孩子又怎样发现自己的兴趣呢？其实，兴趣也是源于生活。在尽情玩耍的时候，孩子便会观察生活，感受生活，并在生活中发现自己的真正兴趣，进而在兴趣的引导下走向成功。而且，孩子们在玩耍的过程中还可以学会如何掌控环境，如何与他人和谐相处，这也培养了他们的动手能力、思维能力以及人际关系能力。

可见，玩不是浪费生命，而恰恰是在创造生命的价值。因为孩子是从游戏中学习和发展的，孩子在玩耍的过程中发现自己的兴趣点在哪里。

既然玩耍无错，玩耍有功，那么是不是说可以肆无忌惮地玩耍呢？当然不是。亲爱的朋友们，下面这些问题不可不引起我们的重视哦。

（1）学习时要踏踏实实地学习，玩耍时要痛痛快快地玩耍。玩耍是完成学习之余的休憩，切不可本末倒置，让玩耍占据了学习时间。

（2）玩耍的内容要健康，切不可沾染黄赌毒等低级趣味，也不可携带刀、枪、棍、棒、鞭炮、化学溶剂等危险品。而且，在玩耍的过程中要开动脑筋，这样的话，创造力就会在玩耍的过程中得到锻炼和升华。

（3）玩耍有度，不能玩物丧志，不能因为玩耍而放弃学习，不能沉迷电子游戏等。

"破坏"也是一种创造

创造力不仅仅是建设性的，也可以是一种"破坏"。

胡铃心，是六次荣获国际太空探索创新竞赛最高奖获得者，江苏省十佳青年学生。胡铃心之所以具有超乎常人的创造力，这跟他勤于动手、敢于"破坏"的习惯是分不开的。

胡铃心出生于福建省福州市。他小时候很喜欢交通工具，特别对飞机有浓厚的兴趣。每当听到飞机的轰鸣声，他都会兴冲冲地跑出门去，仰着头盯着天空看老半天。

"等我长大了，我要设计飞机！" 胡铃心用稚嫩的语气对爸爸说道。

"好呀，我支持你。不过，光说是不够的，要自己多动手，多实践才行呀。"爸爸这样鼓励道。

一次，爸爸帮胡铃心用积木搭出一架飞机，胡铃心开心地跳起来："太棒了，我能造飞机了！这是飞机的螺旋桨……"胡铃心正伸手拿起一块搭螺旋桨的积木，飞机就散架了。

"飞机飞不成了，呜呜……"胡铃心难过地哭了起来。爸爸安慰道："儿子，没关系，散了再重新搭一架。"

在爸爸的鼓励下，胡铃心又重新用积木搭起飞机。爸爸一次次鼓励道："好样的，你真厉害，倒了那么多次了，你还继续搭！不要怕，肯定会搭好的。"终于，在爸爸的鼓励下，胡铃心用积木搭起一架直升飞机，他开心极了，感觉像正坐飞机穿行在蓝天白云之中一样。

胡铃心的爸爸是个发明创造爱好者，他拥有多项发明专利，平时注意引导儿子的动手能力，有时候还故意"唆使"儿子动手拆东西。在爸爸的鼓励下，家里的很多东西都被他拆得七零八碎的。

也许，这是一种看似在破坏东西的行为。可是，胡铃心的爸爸却认为这是在学习，在研究。于是，胡铃心搞破坏的行为得到了大力支持。

当然，被胡铃心拆散的物件总会在他们父子俩的手中重新合成、复原。胡铃心就是在拆与拼的过程中，学到了不少知识。

一天，胡铃心的爸爸从商店里买了一台收音机回来。读初中的胡铃心从学校回家，便好奇地摆弄着收音机。不一会儿，那台收音机便被拆得面目全非了。因为收音机里面的零件比较多，胡铃心弄了半天也不能将其复原。他焦急地跟爸爸求救："对不起，我把收音机弄坏了，怎么也还不了原。"

"没关系，你再多试几次。实在不行，我再来帮忙。"爸爸安慰道。

最后，父子俩一起将拆开的收音机复原了。

正是一次次地"破坏"和"重组"，胡铃心的好奇心和想象力被激发起来。他想："我什么时候也能像爸爸一样，有属于自己的发明专利呢？"功夫不负有心人，读中学生时，胡铃心便拥有三项发明专利。

一次，胡铃心在科技馆里见到一架真正的"米格–15"，他盯着看了半天，心想：这架飞机的内部构造是怎样的呢？他真想像小时候和爸爸拆卸电器一样，把"米格–15"拆开来仔细看一遍。回家之后，他向爸爸问了许多关于"米格–15"飞机的事情。爸爸看他这么喜欢飞机，便给他买了一本《航空知识》。胡铃心高兴极了，捧着《航空知识》认真读起来。末了，他还去买了一架飞机模型，将里面的零件都拆了下来。

2000年，正在上高中的胡铃心参加了福建省科技论文大赛，并获得一等奖。后来，胡铃心考取了南京航天大学，并研制出我国第一架微小型可控扑翼飞行器、"奇奇"新概念无人直升机等。

航天专家陈一坚认为，胡铃心将是中国未来的航天希望之星。"神舟"飞船设计师郑松辉激动地为他写下"勇于追求，敢于探索"八个字，勉励他继续攀登科学高峰。

胡铃心的成功绝非偶然，得益于他从小养成的多动手、敢于破坏的习惯。

无独有偶，李为也是因为从小养成爱动手拆东西的习惯，结果对发明创造产生了极大兴趣。他是中国科技大学机电系的学生，在学校期间便有 6 项发明获得了国家专利。

在读初中的时候，有一次，妈妈买了一个闹钟回家。李为看见了，觉得闹钟滴滴答答很有意思，便趁妈妈不注意把闹钟拆了。妈妈回家一看，见闹钟的零件都散落在桌子上，便问道："你怎么把闹钟拆了？"

李为说："我看到闹钟一到整点就唱歌，觉得非常有意思，于是想看看声音是怎么发出来的。"

妈妈一听，不仅没有生气，反而带着鼓励的语气对儿子说："你的想法真不错！不过，你要记得把闹钟还原哦，长大了就可以带着这个问题去学习！"

李为听了，连连点头，他凭着记忆力，将拆开的闹钟零件一一复原。就是因为这次拆东西，李为的想象力和好奇心被激发出来了，他对小的机械产品越来越感兴趣，上大学的时候就报考了机械工程专业。从某种意义上说，李为的职业规划跟他读初中时那次拆闹钟的经历是有很大关系的。

读高中时，李为常常帮父亲做一些修自行车、修打气筒等事情，有的时候他会亲手将舅舅送的电子产品拆开来，他的动手能力也得到了锻炼。

考上了名牌大学后，李为深有体会地说："我从小喜欢动手拆东西，这个过程中记忆能力和动手能力得到锻炼，因此在搞发明创造时便不断冒出一些新想法出来。"

其实，换个角度想想，这些看似搞破坏的活动，其实是兴趣十足的研究活动，孩子们的探索性思维和创造性思维能得到很大程度的训练。

现实生活中，许多青少年朋友在拆卸手电筒、收音机等小家电时，他们会觉得"那个东西很危险！"或者说"拆坏了我怎么还原？"久而久之，他们的好奇心和想象力就会下降，思维活动会受到抑制，他们的创造能力必将受到影响。

不过，青少年朋友们拆东西，搞破坏时要大胆而心细，更要注意安全，切不可鲁莽行事哦，如果能征得家长同意最好。当然，在接触带电等危险物品时，一定要有家长陪同。

爱迪生是发明大王，其实他少年时期更是个破坏大王，他很喜欢将家里和学校的东西拆得七零八落。而正是由于他在拆东西的过程中，其好奇心和探究心得到极大的满足，所以他养成了勤于动手的习惯，最后发明了电灯、留声机等一千多种东西。

当然，爱迪生是幸运的，他有一个通情达理的母亲，允许并鼓励爱迪生多动手，不怕搞破坏。有个男孩子就没这么幸运了，他将妈妈买的一块金表拆坏了，结果被妈妈揍了一顿。妈妈后来将这件事情告诉了孩子的老师叶圣陶。叶圣陶幽默地说："你把一个爱迪生扼杀了。"孩子的妈妈有些不解。叶圣陶对她说："孩子喜欢拆东西，这不是坏事，反而是一种喜欢动手，喜欢创造的表现。你应该解放孩子的双手，不应该看到孩子拆东西就打他。"当然，这个故事说的是家长该如何教育小孩子的事情，而作为青少年朋友，更应该主动实践，多动手，多思考，不要因为害怕将物品弄坏了，或者是害怕受到家长批评而畏手畏脚，不敢拆东西，不敢越雷池一步。

有观察力才有创造力

观察力是灵感的源泉

观察力是连接创造力的桥梁

观察力是创造的开始

观察力是灵感的源泉

　　创造发明的成功因素往往来源于生活，而生活中的种种细节往往就是创造者的构思素材。中学生朋友们正处于求知欲最强的时期，这也是培养创造力的关键时期。为了提高创造能力，首先应该提高观察力，因为观察力是获得灵感的源泉。

　　曾有一位哲人说过这样一句话："看清眼前的事物，往往就能看清未来的方向。"这句哲理名言已经被无数伟大的科学家与艺术家们所证实。春秋时期的工匠大师公输班就是这样一位观察力敏锐的人。公输班别名鲁班，他很小的时候就开始留心生活中的细节，父亲发现小鲁班经常会在一个很普通的地方停留很久，有一天，他又发现鲁班站在空无一人的庭院中，仰头望着天空，父亲也抬头望了望天空，并没有发现什么奇特之处，便拉过小鲁班问道："你抬头看着天空，这天既无云彩，也无皓月，你究竟在看什么呢？"鲁班回答："父亲，你看到这天空的鸟儿了吗？"父亲不解，接着问道："这些鸟儿年年月月都是这样，也不曾来过什么奇鸟异兽，为何你今天却对这些普通的鸟儿如此痴迷？"鲁班回答："父亲，鸟儿之所以能飞，是因为有翅膀，而且身形纤细，这是所有鸟类的特点。我在想，如果我们也仿制鸟儿的模样做一些木制器具，是不是也能飞起来呢？"父亲大笑："鸟儿岂是木头能做出来的？"说罢，他摇头而去。少年鲁班在接下来的岁月里长期观察各种飞鸟的飞行轨迹，并记录下鸟类翅膀的各种不同和飞行时的振动特点，终于在他成年的那天，做出了一只仿真木制鸟。虽然这只仿真木制鸟个头较小，而且材质粗糙，但它竟真的飞动起来，虽然飞行的距离只有短短数尺，但鲁班从小就养成的这种细致入微的观察力，成为了他宝贵的智慧财富。

　　既然说到了鲁班，那就不得不提一提他为传统手工业，尤其是木匠行业贡献出的最伟大发明——锯子。当时，在建筑房屋时需要大量的木材，而砍伐树木的工具是斧头。但是用斧头砍伐树木既费时间，还常常把人的手震得生疼，而且得到的木材因为铁斧的力量太强，往往得不到完整、平滑的木材。一次，少年鲁班拿着斧头去山中砍树，手指在无意间划过一株野草，手指被划得生疼，还留下一排血痕。鲁班心生疑惑：为何薄薄的一层叶片也能把人的手指割伤呢？于是，他摘下了叶片仔细观察，发现叶子的形状是锯齿形的，他摸了摸边缘，虽然轻薄但是非常锋利，鲁班心中一动：锯齿形的叶子可以把人的手指划伤，那么有这样的一把铁质工具，是不是也可以用来砍伐木材呢？说做就做，鲁班立刻命人按照锯齿形叶片的形状打制铁器。果然，这种新的伐木工具使用起来非常方便，既省力，又提高了砍伐树木的速度。后来，鲁班又改造了木锯，他设计了两种铁锯，一种较长较宽，适合两人手持伐树；另一种较薄较轻，通常由单人使用，用来进行对砍伐下来的木材进行细加工，修剪枯枝残叶。

鲁班的创造力并不是与生俱来的，他的创造构思主要来源于自然界的生物，这不仅仅只靠他对于万物的生动想象力，更在于他能够对身边的自然多加留意，处处关心。尤其是在未成年之前就开始积累自己的见识，这种见识也是日积月累后才能真正成为智慧的，例如他小时候对飞鸟飞行的轨迹观察，这时的鲁班就已经开始培养自己的观察力了，在孜孜不倦的观察研究后，他才能创造出属于自己的木制飞鸟。对叶片的锯齿状进行观察时，他的观察力在长久的锻炼和运用下，转化为了创造力，将自然造化归为己用，这就是观察力带来的创意。

在 18 世纪中期的英国，著名的工业革命科学家瓦特才刚刚出生，那时年幼的瓦特就很喜欢呆在室内，观察室内的钟表、灶炉等家居用品，而且一蹲就是好几个小时。大人都有些担心，瓦特怎么不像别的孩子活泼好动呢，是不是智商有什么问题呀？其实，大人们的担心是多余的，瓦特正在仔细观察并思考每个家居设备的用法和构成呢。最后，瓦特的父母为了让孩子动起来，将小瓦特赶进了厨房，让他的祖母带他去做家务活，即使进了厨房干起了烧水劈柴之类的粗活，小瓦特对身边事物的观察也一直没有停止过。

有一天，小瓦特看到祖母正在烧开水，当开水沸腾时，锅炉的盖子响个不停，小瓦特好奇地问："祖母，锅炉为什么会发出声响呢？"

祖母回答他："因为锅炉的盖子在跳动。"

"那为什么平常的锅炉装了水不跳动，却在烧开水的时候跳动个不停呢？"

祖母正忙着干活，无暇多想，只好敷衍道："水烧开了锅炉就开始跳了，我不知道，孩子，这有什么好琢磨的呢？"

祖母的敷衍之词并没有浇灭瓦特的热情，他爬上灶台，开始认真观察柴火上的锅炉，他惊奇地发现，锅炉中的水每次临近烧开时，锅炉盖就会神奇地往上窜，其中还有一股热流从锅炉盖的缝隙之间冒出来，瓦特的好奇心又被勾出来了，他抓住祖母不放，连珠炮似的问道：

"祖母，你知道水烧开的时候那股热气叫什么吗？"

"那叫水蒸气，我的孩子。"

"那为什么只有水烧开的时候才会有？"

"哦，孩子，这个我可不清楚。"

"那为什么它能让锅炉盖跳动？为什么我们平常看不到它？水蒸气在什么时候会再出现？"

瓦特的祖母被这一连串的问题问得心烦意乱了，她有些恼怒地说道："你如果这么想知道个究竟，就自己去慢慢看去吧！现在，别妨碍我干活儿！"

大人们的不理解没有成为阻挡瓦特探究的障碍，他开始一次又一次地溜进厨房，反复观察锅炉烧开水时的表现，每当锅炉中的水快被烧开时，瓦特就会格外睁大自己的眼睛，仔细看着这一切发生的过程。久而久之，他发现每当锅炉内开始嗡嗡作响时，水蒸气就会从锅炉盖跳动的缝隙间喷涌而出。他靠近烧开的锅炉水，观察到的结果使他大吃一惊。原来真正推动锅炉盖在灶台上跳动个不停的不是烧开的水，也不是灶台下烧得旺盛的炉火，而是那平常得不能再平常的水蒸气！原来小小的水蒸气能汇聚成推起锅炉盖的力量，这就是将热能转化为动能的最佳实例。之后，瓦特开始着手研究新式蒸汽机的改良发明，终于，在瓦特那善于观察和思考的聪明才智下，改良蒸汽机被公诸于世，全新的动力系统被广泛运用在了蒸汽机车、热气球、汽船以及当时的各类热能交通工具上。蒸汽机的发明是工业革命的标志，为人类历史发展做出重大贡献。

亲爱的朋友们，养成仔细观察的习惯吧。认真观察每一个生活中的细节，你就会拥有源源不断的灵感，这些灵感是智慧的火花，更是创造力的源泉。

也许，这些观察力没有令我们做出什么伟大或震撼的科技发明或者艺术创作，但这也是对我们能力的一种训练与增强。中学生在学习过程中，敏锐的观察力能帮助同学们更好地吸收课堂知识，并将这些知识活学活用，天长日久，总有一天，这些灵感会让创造力发酵，最后变成一艘乘风破浪的船舰。

观察力是连接创造力的桥梁

人的思路就像一串晶莹剔透的珍珠项链，每一颗珍珠豆闪耀着智慧的光芒，但终究还是需要一根细细的线将它们串联起来，才能形成完整的一幅珍贵首饰。对于观察力与创造力而言，这两者就像相距最遥远的珍珠，虽然并无直接联系，但是我们只需加上一根名为"推理"的思考之线，就能让双方交融合一，而这根推理之线，正是从"观察力"这颗珍珠中诞生出来的。

从观察到创造，这是一个长期而又缓慢的过程，在通往发明创造的路途中，难免遇到不少思考上的阻碍，这时，以观察为基础的推理能力就成为了突破这些障碍的最佳武器。英国最著名的侦探小说作家阿瑟·柯南道尔笔下的名侦探夏洛克·福尔摩斯就是这样一位观察力与推理能力都达到巅峰的思想奇才。

　　福尔摩斯在进行侦探活动时，最大的特点就是保持沉默，几乎不说任何多余的话，然后以高效而精准的观察来代替其他多余的发问或交谈。例如他与自己的助手约翰·华生第一次见面时的情景。福尔摩斯正在自己的房内做着化学实验，这时华生走了进来，福尔摩斯从上至下好好把这位未来的合租室友瞧了个遍，当华生与领他来见福尔摩斯的人都摸不清头脑时，福尔摩斯开始了他精彩绝伦的推理分析：

　　"首先，我看到的这位先生蓄着一头典型的军人发型，笔直的站姿和举手投足间的行为习惯都透露出在军营里的习惯，你的脸庞和手被晒黑了，而且是很健康的古铜黝黑，说明你之前去过热带地区，但又不是去度假，因为去热带度假的话全身的肤色都应该晒黑，近几年英国对外的军事行动中，位于热带的只有阿富汗战争。

　　"真是神了！"华生惊叹道。

　　福尔摩斯的观察力可谓明察秋毫，他在每次观察时都能近乎忘我地将诸事都抛之脑后，以百分百的注意力来观察现场的每一条蛛丝马迹，对于人的观察，福尔摩斯从不拘泥于某个固定的形式，而是通过各种各样的物件反映出的信息进行推理。在全书中，主人公福尔摩斯常挂在嘴边的一句话就是："观察，不仅仅只是看而已。"的确，有很多时候，每个人都在看相同的事物，但拥有出色观察力的人往往能看出与众不同的内容，只有获得最重要的那部分信息，我们才可以进行正确的推理。但在现实生活中，推理往往能给我们带来创造性的思维方式。

珍妮是一个性格十分活泼外向的女孩子，而且善于思考，在她小时候，大人们经常能看见她在街道上到处跑跑停停，当人们以为她只是个爱玩的小姑娘时，却又经常能发现她捧着一本书在那儿看得津津有味。他们都说，小珍妮具有一种魔法，尤论是谁，即使是第一次见面的陌生人，小珍妮都会一口道出他的职业，因此，珍妮也经常能够推断出一些极具创造性的结论。随着年龄的增长，小珍妮通过学习和生活学到了更多的社会经验，自己也逐渐成长为一个具备优秀观察力与推理能力的中学生了。

有一天，珍妮走在街上，突然发现一家新开张的店面门口围满了人，她挤进去一看，原来这家新开的小酒馆内有两个喝醉了的客人倒地不起，店主想把他们俩送回他们自己的工作地点或者住宅中，但是苦于这两位客人都没有携带可以证明自己身份的证件，对此束手无策的店主只好请街坊邻居前来，看看有谁认识这两个人。这时候，人群中有人发现了珍妮，便让小珍妮进入酒馆，为这两个客人进行身份推理。珍妮蹲下身来，好好的琢磨了一番，时不时掀起两人的外衣，对他们俩的衣服也进行了对比，偶尔还发出会心的笑声。

仅仅过了三分钟后，珍妮叫来了附近学校的体育老师和三条街以外的医院负责人，将两人带回了各自的地方。众人目瞪口呆，小珍妮笑着说："这两人一个是医院的主治医生，另一个是学校足球队的足球运动员。"

"你是怎么知道的？"

"哈，太简单了。首先，第一个客人穿着的白衬衫衣领上有很明显的环绕褶皱，这是长期挂着听诊器的原因，说明他是个医生，而且他的手指头上有不少的暗黄色液迹，这是消毒用的医用碘酒沾染上去的。而且右手上还有部分细小的伤痕，这些都说明了他是一个经常会接触锋利手术刀的主治医生。"

"可是你怎么知道他在三条街以外的？"

"他的裤腿呀，他的裤腿满是泥浆，踩上这么多的泥巴，在我们这个城市里，只有三条街之外的大医院门口才有，而离那里最近的酒馆就是这儿，所以他一定是那儿的医生。"

"那么你怎么知道另一个人是踢足球的学生呢？"

"虽然他喝醉时并没有穿着运动服装或球鞋，但是他的身材很健壮，而且我们看到了他长裤下的腿，从脚部到小腿部分的肤色较白，但是手臂、脸庞、脖子等暴露在外面的皮肤都比较黑，说明他经常从事户外运动，这个人的手指甲里有一些绿色的碎屑，而且他的小腿部分肯定经常穿着长筒球袜，这就说明他是一个在绿茵场上踢球的足球运动员。"

"那你是怎么知道他是一个学生，不是职业足球运动员呢？"

"虽然他看起来已经成年了，但是他的衣服肩膀上还有两道平行且整齐的带状痕迹，看起来正是书包的印记。而且虽然没有身份证之类的证明，而且这是一家新开的酒馆，他既然会知道这里新开了一家酒馆，那么他离这儿肯定不会很远，但是离这里最

近的足球队就是附近的大学的校足球队了。那么他就应该是在校
大学生。"

推论和判断是创造力不可或缺的助力，而在生活中进行推理
时，要对周围的生活细节处处留心，没有实际观察力的人，是无
法做出准确判断的，如果在判断推理上出现了失误，那么一切创
造力都将迷失最初的方向。

程方是一个初中生，有一天他到公园去玩，并为此特地去租
车行租了一辆高级自行车，骑着车，看着公园的风景，正当他兴
致盎然的时候，突然感到腹部一阵不适，急忙将自行车停靠在车
棚里，锁住了车前轮，就跑向了厕所。当他喘着气从厕所出来时，
却发现自己的自行车不翼而飞了，他找遍了车棚，却还是没发现
自己自行车的踪影，进而去询问车棚旁边的人有没有看到哪些人
在这段时间内进入过车棚，经过多方调查，他发现了自己的自行
车被骑到了停车棚后面的一个生僻地点，看来是想等他离开后再
进行销赃活动。他确定了三个在他上厕所这几分钟内去过车棚的
人，他们分别是玩撑杆跳的女生、滑旱冰的年轻小伙以及一个配
锁的老匠人。程方开始细细观察这三人。撑杆跳的女生个子较高，
身手敏捷，不过身材较瘦弱；滑旱冰的小伙子目前满头大汗，而
且一只脚的旱冰鞋没有系好鞋带；而老锁匠则是一副老态龙钟的
模样，腿部有旧伤。经过这些信息，程方开始了自己的推理：

首先，他第一个怀疑的是开锁匠，毕竟他的自行车已经上了
锁，不打开锁基本是不可能被骑走的。但是经过他的观察发现开

锁匠的年纪非常大，腿脚并不是很方便，而按照时间顺序，老锁匠是最后一个进入车棚里的，如果按照时间进度，他没有足够的时间，因为即使成功开锁，将这辆比较笨重的自行车骑出去也要两到三分钟的时间，这时候程方已经从厕所出来了，而且关键在于老锁匠的腿伤让他无法顺利骑车离开。

其次，他对练习撑杆跳的女生进行观察分析后，发现她的腿部有淤泥，很像急于踏上自行车踏板时不小心蹭到了侧面，弄脏了鞋子。而且有目击者证实她是拿着撑杆进入车棚里的，而且时间上是第一个进入车棚内的人，有充足的作案时间。程方推测她很有可能是利用手中的撑杆，利用杠杆原理将自行车移动至别处，等待失主离开后再进行开锁和转移。但是程方很快发现这个女生的裤腿处的淤泥是笔直的一条线形状，而撑杆跳用的撑杆底部也沾有淤泥，随即否定了这一怀疑。因为腿部淤泥来自撑杆，这说明她之前一直在进行撑杆跳运动，而撑杆跳的运动场地距离车棚约有半公里远，这途中如果她一直拿着撑杆，很容易就在路上被人发现。而且最主要的一点在于，她由于身材瘦弱，力量不足，即使运用杠杆原理，也很难在短时间内将这种比较重的自行车藏到别处，超过时间后就会有其他人进入车棚并发现她。所以，她也被排除了。

最后，程方将目光聚焦在了滑旱冰的小伙子身上，据认识他的人介绍，小伙子是滑旱冰的好手，经常做待头表演，各种动作都能非常轻松的完成。他是第二个进入车棚的人，而程方发现他现在浑身是汗，但是今天他并没有做过非常高难度的表演，而且今天气温也并不高，是什么让他累成这样呢？接着，程方发现了很重要的一点，他那只穿着没有系好鞋带的旱冰鞋的袜子上沾有污渍，而且痕迹很明显是鞋印。这下程方明白了，盗取他的自行车的人，就是眼前这个小伙子。他首先利用旱冰鞋的速度优势快速进入车棚里，然后脱下一只旱冰鞋，将其系在已经被锁上的车前轮上，因为自行车提供动力的是后轮，前轮只是用来调整方向的空转轮，所以他利用旱冰鞋的滑轮顺便代替了前轮的作用，就这样把自行车骑到了车棚后的隐秘地点，而他袜子上的鞋印污渍经过核对，正是程方本人的鞋印，为何他的袜子上会出现程方的鞋印呢？这就是他在将一只旱冰鞋系在前轮后没有穿鞋的那只脚踩动自行车踏板时留下的铁证。程方通过一步步的细致观察，一次次的精确推理，终于挽回了自己的损失，同时也找到了犯人。

亲爱的朋友们，你们处于思想与行动都达到最活跃状态的时期，在学习如何获得出色创造力的同时，也要注意以下几个原则：

（1）培养创造力绝不仅仅只是靠一个灵光闪现就冒出来的念头，它更应该是长期坚持不懈的思维习惯，如果没有持之以恒的踏实认真，没有严谨精密的逻辑推理，再好的创造力，也只不过是夜空中一闪而逝的流星罢了。

（2）推理能力并不是天生的，它需要通过观察周边的事物来磨练，虽然掌握每一处细节的能力各有不同，但是观察能力是推理能力的根本，没有观察就进行的判断是妄断，而不是真正的推理。

（3）作为观察与创造之间的桥梁，推理分析的重要性不言而喻。学习教育阶段，青少年朋友应该适当地参与各类社会活动，增长见闻。要知道，福尔摩斯的推理也不只是单纯靠眼睛而已，而是靠着他丰富的知识储备与广泛的社会经验来进行精彩的推论。所以，必要的社会活动和人际交往也是培养观察力和推理能力的绝佳机会。

观察力是创造的开始

　　许多伟大的科学家或艺术家在创造作品的过程中并不是一帆风顺的，在思索的过程中，往往越是接近真理、越是靠近成功，路途也就越发艰难，只有在最后一刻都能始终保持细心观察、全神贯注的人，才能最终突破思想上的束缚，成功创造属于自己的伟大成果。

　　美国福特汽车的创始人亨利·福特在小时候就是一个善于观察的孩子，他在尚未入学的时候就非常喜爱小动物，父母应他的要求，在家中养了不少动物，供他玩耍和欣赏。有一天，小福特在家中与小兔子一起玩耍时，不禁停下来思索一个问题：兔子既没有虎狼那样锋利的爪牙，也没有犀牛大象那样强壮的四肢，更没有乌龟和海贝那样皮糙肉厚的坚硬外壳和皮肤，它是怎么在严酷的大自然环境中存活下来的呢？于是福特把兔子和自己关在一个小房间里，开始了孩子与兔子的追逐战，令小福特意想不到的是，这个小东西竟把他带着绕了自己的房间一大圈，而他却连它的一根皮毛都没能摸到。最后，福特的父母回到家中，发现自己的孩子不知去向，慌忙在屋子里四处寻找，才把他和兔子从小房间里带了出来。

父母的严厉斥责并没有浇灭小福特的观察欲望，他被眼前的这个小对手彻底吸引住了。他开始每天都与这只兔子呆在一起，时不时地就和它进行"人兔大战"，在一次又一次的运动观察中，福特发现小兔子的运动神经极其发达，虽然个头小，但是速度非常快，即使在高速的跑动中，都能保持稳定和灵活的转向。福特将兔子的四个爪子凑到眼前仔细观看，发现它的脚掌十分平整，而且大小一致，这为它的抓地力提供了稳定灵活的特点。与此同时，福特抚摸兔子的身体，发现它的身形呈现的是一条完美的运动型曲线，虽然小福特此时还不大了解流线型这种形状所代表的意义，但是他的观察力已经将兔子的这种适合进行轨迹运动的身形体态深深地记在脑海中了。日后，当福特在进行他自己的特色汽车设计时，他急切地想要设计出与前人不一样的车型。这时，儿时的记忆涌上心头，那种兔子一般的流畅运动型汽车浮现在福特眼前。自此以后，福特公司设计出产的前后匀称、结构科学、形态美观的"福特 T 型车"风靡全球，享誉世界。这其中的创造性设计就来源于福特小时候对兔子的仔细观察和不懈探索，在创造的关键时期，成为了最重要的一个因素。因此，福特汽车公司的LOGO（标志造型）正像一个奔跑中的可爱白兔。

福特在汽车工业上的创举依赖于当时美国扎实的工业基础，也依赖于美国汽车行业飞速发展的时代洪流，但他最依赖的，始终是自己细致入微的观察能力、记忆能力以及达成目标的联想能力。而观察力则是一切的开端。

无独有偶，除了在工业上的创新，科学思想上的创新也有类似小福特的经历，丹麦的物理科学家雅各布·波尔在他的生日宴会上，不小心打破了一只很贵重的花瓶，他为了避免父母的责骂，偷偷地将这些花瓶碎片收集起来，藏进了自己的卧室里，等到生日宴会结束后再去丢掉。

第二天，波尔打开了收藏的碎片包裹，准备拿出去偷偷处理掉，突然，他发现这些花瓶碎片大小不一，他的脑海里突然充满了疑问：为什么这个花瓶以随意的方式摔碎了，它的每片碎片的大小都不一样呢？他又将碎片洒落在房间的地板中央，仔细观察起来。最后他发现，越是小的、破损的碎片越多；越是大的、完整的碎片越少。波尔很好奇，难道所有的碎片都是这样的吗？于是，波尔相继打碎了家中的盘子、窗户上的玻璃、形状各异的瓷器杯子等家庭用品，他甚至掰下蜡烛，将其狠狠地摔碎查看效果。因此小波尔的父母勃然大怒，把波尔狠狠教训了一顿。

父母的严厉惩罚并没有让小波尔停止观察的热情，他把自己摔碎的每一样东西都小心翼翼的收集起来，一排排地铺在地板上，仔细观察它们之间的区别，波尔靠自己的肉眼和摸索，拿着笔记本一个个地记录下了这些碎片之间的数量。根据波尔的计算，摔碎的这些物品中，10～100克的碎片数量最少，1克和1克以下的碎片数量最多，中间部分为1～10克的碎片。这就说明，即使摔碎的物品类型不一样，但碎片的数量与碎片的大小都是成反比的，碎片越大，数量则越少，反之则越多。波尔兴奋地跳起来，他终于明白了一个道理：同等大小的物品在破碎后，碎片的大小会呈现出明显的顺序排列性。在波尔成年后，始终没有忘记这一蕴含哲理的年少趣事，在进入大学学习高等数学后，他将通过细致观察得到细致结果的这一方法理论命名为"碎花瓶理论"，其中所表达的具体内容可以概括为：物品在破碎后，若得到其完整碎片，则能发现它们的大小为倍数关系。通过波尔的观察研究，发现这一理论适用于各种物品，因此，考古学界和天体运动学界能够通过古代文物的碎片和行星爆炸后的星体碎片来进行修复模拟，大大提高了这两个科学领域的工作效率。

事实上，我们的生活中到处都充满着观察带来的创新成果，远不只是汽车和科学理论，还有更多的科学与艺术成果也起源于观察，例如古希腊的著名学者阿基米德通过洗澡时观察水压与排水量，发现了物体重量与密度有关，从而发现了浮力定律；现今的亚洲流行音乐天王周杰伦从自己的年少生活经历中处处留心观察，同时以耳朵作为眼睛，"观察"到了流行音乐中的RAP（说唱音乐）与中国古典传统音乐有着千丝万缕的联系，最后创造出了结合说唱音乐流畅性与古典音乐的优雅性的"中国风"音乐；"发明大王"爱迪生在进行上千种灯丝实验时，仔细观察每一种灯丝的材料、构成、重量、燃烧时间等数据，综合发现了最适合作为灯丝的碳化竹丝；国外的科学家们研究蝙蝠时，发现蝙蝠的眼睛是盲眼，科学家们观察蝙蝠的飞行路线研究出了次声波的传播规律，创造出了次声波传感器，被广泛运用于雷达系统与交通服务设施中……

　　这种种的发明创造都告诉了我们一个简单但又深刻的道理：观察是一切创造的初始，而且它始终贯穿于整个创造阶段。作为中学时代的莘莘学子需要时刻留意生活中的细节，只有长期坚持这种善于观察、乐于观察的习惯，才能进行创造性的活动，即使我们并非立志要做一名科学家或艺术家，这种致力于从点点滴滴中寻找真谛的观察精神，也会对我们大有裨益，试看未来社会这个广阔的天地中，细节决定成败，态度决定一切。只有始终保持一颗事事观察、事事留意的积极心，才能在将来取得成功，创造属于我们的美好明天！

第三辑

想象为创造力插上翅膀

走近自然
艺术开启想象之门
运动激发灵感

走近自然

我们经常说"大自然是人类最伟大的老师"，人类作为一种群居动物，在大自然的环境中生存了数千万年，从茹毛饮血的原始人，到工业科技迅速发展的近代历史，再到如今高度发达的社会人文环境，人类的每一次重大发明与时代变迁都离不开自然因素的影响，在激发人类的想象力方面，大自然带给我们的恩泽功不可没，抛开那些复杂精细的科技发明不谈，纵使是在激发创新性这方面，自然也让我们受益良多。

江小辉是一名中学理科生，他经常将生活中的事情代入到自己所学的物理化学上来，然后一一验证，观察现实结果与科学结论是否一致。因此，他喜欢四处收集有趣又少见的自然信息，然后通过观察和计算，发现其中的奥秘。

41

　　有一天，小辉走在放学回家的路上，他无意间抬起头看了看路边的电线杆，电线之间停驻着不少麻雀和其他小鸟。小辉突然意识到，自己每天都能看到的这个景象，却非常不符合自己所学物理课本中的电学原理。按照物理电学的科学内容来说，燕子、麻雀等鸟类也一样是动物，而电线杆上连接的电线必然是电压极高的高压专用电，那么为什么鸟儿们站在那么高、那么危险的电线上却一点事情都没有呢？这不禁引起了小辉强烈的好奇心，发誓一定要将这个有趣的物理电学现象给研究个水落石出。

　　小辉的好奇心将他带进了生物学，他向生物老师咨询鸟类的生理结构，发现小鸟还是属于普通的动物种类，并没有什么特别的地方，在生物学的知识中他了解到了停歇在高压电线上的鸟类多为燕子、麻雀等体型较小的鸟，那么，体型这么小巧玲珑的小鸟们是如何做到在高压线上闲庭信步的呢？会不会是鸟类们普遍都有很大的电阻，可以保障它们不会受到电流影响？小辉又去询问了他的物理老师，物理老师告诉他，鸟类的爪子底部的电阻的确会比普通人类高一点，但是在那么大的高压电流之下，不管是人还鸟，身体里的那点电阻几乎是可以被忽略不计的。既然人类和小鸟类的电阻都是差不多的，小鸟到底为什么可以安然无恙呢？

　　于是，小辉专门跑到学校里的物理实验室，将电路组装板带回了家中，自己组装了一个具有小电流的电路，虽然电压较小，但是也足够模拟常规的电路组成了，然后，小辉将自己的两根手指当作小鸟的两只脚，轻轻地放在电路上的两根电线中，一阵麻麻的刺痛感告诉小辉，自己成为了电流的导体，就这样单纯地站在电线上，鸟类也会触电的。那么，换一种方式呢？小辉将两根手指错开来放在电路上顶端和底部的线路上，结果还是一样，同一根线路的电流还是会通过动物的身体进行流动。小辉没有放弃，他又将手指放在了构成电路的两根一样的电线上，这时候，神奇的一幕发生了，电压表显示整个电路还是在流通，但是小辉的手指却完全没有任何感觉！这也许就是小鸟能安全站在高压线上的原因，小辉立刻记录下了这个电路的结构和各项电流数据，反复试验了多次，发现结果是一样的。小辉发现，这其实就是物理电学中的"零火线"原理。在高压电线中，即使高达上万伏的电流也只是存在于零线与火线之间的，也就是说，同一个电路里，电流是在零线与火线之间流动的，但是如果单独将导体放在一根零线上，那就不会有电流通过了。而有的小鸟也会单独站在高压电线的火线上，这时候小鸟的两只脚之间的距离非常小，虽然会有高压电流经过小鸟所站的位置，但是因为两只脚之间的距离太短，导致经过这两脚的电压差几乎为 0，也就是说，小鸟作为一个导体，它所承受的电压被它双脚之间的距离削减到只剩微弱部分，再减去它自身脚底所带的电阻，本身承受的电压约为 1 伏特以下，自然不会触电了。但是，如果鸟儿的两只脚同时站在了零线和火线上，就会因为零线与火线之间不同的传输电流同时经过而瞬间触电身亡。但是鸟儿的脚实在太短太小，即使它们想同时站在两根电线上，也是不可能的。人之所以会触电身亡，就是因为人的身体太大，基本上碰到了电线就必然会同时碰到零线与火线，从而造成触电事故。

突然，小辉想到，既然小鸟可以通过自身的脚底部的短距离来造成极小的电压差，那么人类是不是也可以通过制造出类似的短距离防护电阻来阻止触电这类悲剧呢？他的好奇心又一次被唤起来了，于是，小辉开始收集各式各样的电阻器材，通过研究触电的形式、人类的手掌大小、电线容易破损裸露的部位以及高压电线维修的操作方式等等因素，终于制作出了一套防触电设备，它通过大大拉长电线中的火线与零线的距离来防止人们一不小心同时触碰到零火双线从而直接导致大伏特电压通过人体，同时还在电线易裸露的危险地方增设了多个距离短小但是电阻极大的橡胶防护套，以避免人们日常生活中对废旧电线不经意的触碰导致的短路和触电危险。因为这个小小的便利化发明，江小辉获得了他所在中学的科技创意大赛的二等奖。

小辉的故事告诉我们，自然不仅仅只是单纯的现象而已，要学会去欣赏大自然，并在自然中的种种现象中寻找自己感兴趣的地方，兴趣是引起自我好奇心的最重要方式，有了好奇心，才会有创造的动力。而来自大自然的好奇心，往往也是各种伟大发现的起始。

艾萨克·牛顿，这个原本普普通通的英国名字早已家喻户晓，牛顿凭借着自己对物理、数学、天文学等众多学科的杰出贡献，被科学界称为最伟大的科学家。但其实牛顿早在自己的青少年时期，就已经具备了一个出色科学家的卓越头脑和追求真理的好奇心。

牛顿从小就喜欢摆弄各种各样的木制工具，并研究它们的工作原理，牛顿出生并成长在一个传统的英国庄园家庭里，虽然接受着传统的英国教育，但是牛顿经常外出游玩，而且由于庄园的广阔天地，牛顿经常与自然融为一体，从自然中汲取他所需要的"知识养分"。

有一天，青春年少的牛顿正在庄园内慵懒地躺在地上看书，突然，牛顿看到了一只灰色的田园小老鼠。牛顿并没有慌张，因为自己的家庭就驻立在农业庄园之中，他从小就和小鸟、家禽、昆虫以及各种各样的动植物们打交道，这次也不例外，他立刻一声不响地趴下，生怕惊扰到了这位"新朋友"。过了半晌，小老鼠冲着一块掉落在地上的奶酪狂奔而去，那样子就像是装上了弹簧一般，"嗖"地一下就飞奔过去，牛顿顺着小老鼠一路狂奔的轨迹放眼望去，却发现小老鼠怎么也追不到那块奶酪。原来，庄园这些天一直都有大风，刚才有一阵风刮过，奶酪不断地向前翻滚着，小老鼠始终都差一步抓到它。那么，这只顽强的小老鼠到底能不能抓住它梦寐以求的奶酪呢？牛顿的好奇心被引燃了，他连忙站了起来，来不及拍掉身上的尘土，就急急忙忙地向这场"追逐战"的现场跑了过去。当他气喘吁吁地跟随着自己的视线，跑到一个灌木丛的旁边时，却发现小老鼠不见了。正当他纳闷儿时，忽然发现旁边掉落着的奶酪。"既然这只小老鼠这么执着于这块奶酪，那么它一定就在附近。"牛顿想到，于是开始在四周仔细搜索这只老鼠的踪迹，最后，牛顿在一堆灌木丛里发现了这个可怜的小家伙，它离奶酪只有几步之遥，却因为自己追逐时心太急，而不幸卡在了一株灌木的枝叶之间，看到这个滑稽的场景，年少的牛顿忍不住哈哈大笑。突然，牛顿看着这个场景，想戏弄一下这只倒霉的老鼠，他蹲下身子，将奶酪一把拿走了。眼看着自己饱餐的奶酪愿望泡了汤，老鼠顿时颓然停歇，不愿再动了。牛顿又把奶酪放在它的眼前，老鼠看到自己的奶酪失而复得，又是一阵狂喜，拼命想要挣扎出来把奶酪抢回来。就这样一提一放地重复了多次之后，牛顿想到了一个有趣的主意。

　　牛顿把这只筋疲力竭的小老鼠带回了家中，再将它喂了个半饱，然后，他设计出了一个灵感来源于自然生物的小工具——生物永动机。所谓的生物永动机，就是利用老鼠的动物性来达成一直在运动做功的状态。牛顿先将老鼠用细绳子固定在一个适合老鼠踩动的小踏板上，踏板是一个小型风车的动力提供装置。然后再将一块奶酪放置在老鼠面前，老鼠刚刚才吃到半饱，半饱的状态一方面提供了老鼠继续活动的能量，另一方面也是为了刺激老鼠的饥饿感，让它有动力继续为了食物而运动做功。于是，牛顿就让老鼠再一次为了奶酪而费尽心机疯狂的往前跑动，这样一来就带动了踏板，踏板所连接的小型风车就开始动起来了。虽然这个小发明并不算伟大，而且当老鼠因疲惫和饥饿停下来时就没有用处了，但是这正是牛顿从大自然中引起好奇、观察生物、分析现象，激发自身的创造性和创造激情的体现。

在牛顿18岁之前，他就已经锁定了当时英国最好的大学——剑桥大学的名额了，在一个闲暇的下午，这个未来的伟大科学巨人坐在一棵苹果树下，安静地思考着今后将要如何进入剑桥大学，如何在其中生活，如何进行科学研究，学习的方向在哪里。正当这个年轻人思考得入神的时候，一个仿佛是由上帝抛下人间的苹果突然落了下来，不偏不倚地正好砸在了少年牛顿的头上。

牛顿愣了一下，拾起这个熟透了的苹果，仔细地端详着，他的求知欲又一次被唤醒了，他不禁自言自语："为什么熟透了的苹果会落下来呢？""为什么苹果会往下落而不会往上飞呢？""为什么我们走路时抬起的脚再高，终究还是要落回地面呢？"这一连串的发问不仅给了这个年少的科学家思索的动力，更重要的是，他指明了牛顿接下去在剑桥大学努力的方向。从此，牛顿一发不可收拾地开始研究这个世界最重要的一项科学"物理力学"，从而确立了"重力"这一概念，并系统地提出并创造了"牛顿力学体系"，将世界的科学文明向前推进了一大步。

正如同牛顿的谦逊之辞所说的一样："如果我能看的更高更远，那是因为我站在了巨人的肩膀上。"如果我们也想看的更广阔、更全面，那么我们也要站在更高的角度去探索、去思考。

（1）现在的中学时代对广大青少年而言，是激发自我潜能的最好时机，大自然就是一个最好的高度平台。自然中充满了各

47

种神奇的生物，无论是动物还是植物，无论是景象还是生活，人类始终都不能脱离自然而独自存在。

（2）我们越是靠近自然，越是观察自然，自然才会给我们更多的回报和启发，所以，不要认为在空闲时间去郊游或者户外活动是浪费时间，也许某一次野外的观察就会激发出你内心的好奇和灵感，真正的学习，是不会仅仅局限于书本上的知识的，大自然的知识才是无穷无尽的。

（3）在亲近大自然的同时，也要注意热爱自然，保护环境，只有让自然亘古长存，我们才能学到更多，才能拥有自然馈赠的宝贵财富。在与大自然互动的过程中，要时刻怀有感恩的心，去感谢大自然赐予我们的生命与它那能够创造万物的伟大胸怀。

艺术开启想象之门

与自然不同，艺术是属于人类创造出来的文化事物。在科学上的定义是：人类通过借助特殊的物质与材料作为工具，要你用一定的审美能力和技巧，在精神与物质的互相作用中，进行充满激情与活力的创造性劳动。所以，艺术就是人类出于精神文化需求的创造性活动。艺术本身就具有强烈的创造属性，而艺术品的观赏往往也能带给人们额外的启发。其中受众最多的艺术类型就是第八艺术——电影。

杨丹是一个喜欢看电影的女孩子，但是她本人在现实生活中却是一个沉默寡言的女生，性格比较腼腆内向，而且资质较为平凡的她在班级里也总是那么不引人注意，只有性格开朗且外向的阿黄和她是无话不谈的好朋友。她很向往电影中的那些生活，那

49

些闪耀着智慧和感动的情节，她时常都在想，什么时候能够像电影里的那些女主人公那样聪慧过人就好了。

有一天，班主任召开了一期名为"说说你的小故事"主题班会，要求同学们最低以两人为一组，在下周同一时间的班会课时间里表演一个现场小节目，来阐述其中某一人的兴趣爱好和过往生活。因为班级的总人数正好是偶数，所以，每个人都要参加这个活动，班里的同学们听到这个新奇好玩的活动顿时欢呼雀跃，纷纷摩拳擦掌，跃跃欲试，并且都私下里拉着自己的死党讨论到底要表演什么样的节目比较好。

杨丹听到这个消息，却一点也兴奋不起来，阿黄看到她一脸愁眉苦脸的样子，便关心地问道："怎么啦？你平常在班里就是一个默默无闻的人，这次我认为是一个让班级同学们重新认识到你的好时机呀，你为什么一脸不开心的样子呢？"杨丹叹了口气，苦恼地说："唉，阿黄你是了解我的，我除了看电影，其他也没有什么别的爱好了，而且我嘴巴又笨，脑子也不太好使，真的没有什么好的节目方案，这……"阿黄不耐烦地打断了她："你怎么就对自己这么没有自信呢？你喜欢看电影，这不就足够了吗？为什么你总是单纯地迷恋电影里的那些艺术想象，却从来不肯让那种想象融入到你的生活中来呢？"阿黄的劝说让杨丹醒悟过来，是啊，自己这么久以来一直都只是在单纯地看电影而已，但是在现实生活中却总是过得如此平淡无奇，为什么她没有想过把电影里的情节还原到生活和学习中来呢？于是，以此作为尝试创造的开始，杨丹决定借着这次主题班会表演的契机，好好在电影这门艺术中寻找一个适合自己表现的节目类型。

　　杨丹回到家中就开始寻找自己以前看过的电影，从清新的爱情电影、文艺的生活电影、到绚烂的视觉电影、激烈的动作电影，都没能找到一个激发她想象力的类型，也许这些电影都太过精彩了，杨丹想，既然是只能在班级上表演的节目类型，那就肯定不会是高成本、高制作以及高投入的"三高"类型电影，应该是一种走现实主义路线的电影，那么就应该向更具有现实意义的电影类型方面去找，于是，她又开始重新观看了各种写实的记录片、以往的美国西部片以及许许多多的故事片，她甚至还重温了卓别林时代的黑白幽默片电影，在几乎快要找遍了所有种类的电影艺术时，她偶然间发现还有一部电影忘记了看，于是，她打开了这部电影，这部电影正是 2008 年上映的奥斯卡最佳影片《贫民窟的百万富翁》，这部电影立刻吸引住了杨丹的视线，她将其仔细重温了一遍，然后躺在床上反复思量着这部经典之作，其中令她最为震撼的不光只是精彩的艺术加工和故事情节，而是其中始终贯穿着整部影片的提问环节。主人公一开始就参加了一项名为《谁将成为百万富翁》的真人秀节目，在这个问答节目中，主人公每回答了一个问题，就陷入到了过往的回忆故事里，有的故事安静祥和、有的故事凄惨悲凉、有的故事落魄潦倒，还有一些故事发人深省。突然，杨丹一个激灵：既然电影都是通过这样一个个的故事来进行串联的，那么我是不是也可以在表演中运用这种形式呢？想到这里，杨丹兴奋地爬起来给好友阿黄打了个电话，和她说了自己的这个想法，阿黄对这个创意赞不绝口，两个女孩子决定在下次班会课上进行杨丹想到的创意，既然喜欢看电影，那就用一个个的问题来引出自己所看过的那些"胶卷艺术"吧！

于是，在那次班会上，阿黄作为提问者，表演了一次现场专题访问节目，被访问者就是杨丹，她向杨丹提出了一个又一个与生活相关的问题，而杨丹也一改往日因为没有共同话题而引起的沉默，开始兴奋而积极地谈起了自己所看过的电影，通过对电影的艺术理解，既回答了提出的问题，又突出了自己的兴趣特长——电影艺术的观赏和分析。这次班会，杨丹组的表演大获成功，同学们纷纷表示惊讶，万万没想到平时寡言少语的杨丹今天像完全换了个人一样，通过如此活跃又有趣的表演征服了全班所有人。

杨丹对于电影艺术的热爱促成了她灵感的源泉，艺术是美好的，它的美好之处不仅在于艺术作品所表达的真善美，也不仅局限于提高人们的审美品味，更重要的是，艺术对人类的进步起到了关键性的作用。倘若想象与创造的能力是一扇紧锁住的金色大门，门后就是崭新的世界，那么艺术无疑就是可以打开这扇大门的众多钥匙里的其中一把。虽然可以打开想象之门的钥匙还有许多，但名为"艺术"的这把钥匙却是最耀眼、最光辉的那一把。

艺术不仅给普通人们带来想象力，它本身所秉持着的高端、美感、庄重以及历史艺术独有的厚重感，也可以对各个行业及领域起到一定的指导作用，更多的时候，艺术对于科技和工业生产只是一个辅助工具，具备参考价值，而在另一种情况下，它甚至可以左右一个科技产品的未来。

史蒂夫·乔布斯作为世界 500 强企业中数一数二的苹果公司的联合创始人，他在苹果的各类高精尖科技产品中都扮演着决策者的角色，乔布斯本人在小时候就是一个充满了想象力的人，在青少年时代就已经立志要在电脑互联网行业做出一番事业。后来，乔布斯设计出了自己的第一台 IT 产品——却陷入了一个看似不重要但实际上最关键的销售因素：外观的泥淖中。

作为一台电脑，最优先追求的肯定是电脑的操作性能和硬件质量，而当时的苹果电脑在这两方面已经达到了世界最顶尖是水准，那么乔布斯还在担心什么呢？原来，电脑制作的再优秀、再精良，它也是需要贩卖出去的，既然是需要贩卖出去的东西，那么它的定位就是一件商品，而商品要如何才能大卖呢？其中很关键的一个因素就是外形、色泽、配套硬件等等这些设计细节，一个电脑就算作用再高端、性能再优越，那也毕竟只能为大型公司所接纳，但是市场的大众始终都是普通人，那么如何让所有用电脑的普通民众们也接受苹果电脑这种新鲜事物呢？这就需要乔布斯好好动动脑筋思考问题了。

回到公司总部之后，乔布斯就把自己锁进了办公室里，仔细思索着自己记忆中关于美感和形状的设计方案。这时候，他想起了自己年轻时的经历。乔布斯在年轻时因为家庭的经济原因，

53

没能继续大学学业，但是，乔布斯并没有放弃学习，在他办理好退学手续，清理好了自己的行李离开校园时，经过一间教室，他发现这间教室里异常的安静，每个人都在低头"沙沙"地写着什么，乔布斯踮起脚尖往教室里面望去，原来这间教室是用来进行书法教育课程的，乔布斯很好奇，为什么大学这个传授高级技术与知识的地方还会有这种修身养性类的课程呢？乔布斯随即和校方有关教师咨询，请求能够偶尔旁听一下这门书法课程，校方觉得书法课程里多一个旁听者也未尝不可，于是同意了乔布斯的请求。

于是，乔布斯每天都会在教室里和其他的同学一起进行书法的学习，在学习书法的过程中，乔布斯发现书法的真谛有三条：第一，简洁。书法虽然是艺术，但却是非常实用的艺术，书法写出来的字是需要让大家看的，既然艺术的受众变广泛了，那就要做到简洁明了，让大家都能看的明白；第二，美观。虽然简洁是书法的第一要求，但是作为一门艺术，书法的美感决定了它的艺术高度，只有看起来具有美感的书法才能带给人艺术的享受；第三，独特。书法这门艺术也是有很多类别的，有的专门用于人工写作，有的用于篆刻印刷、还有的用于美化装饰。书法也会根据不同的用处而进行改变，但最重要的是要与众不同，在保持了简洁有力和美感高雅之后，就要追求独一无二的特性，这也是艺术的客观要求。

想到这里，乔布斯突然从座椅上起身，连忙赶往产品加工部门，他已经找到了苹果电子产品的外观设计灵感了。虽然乔布斯没有在书法上获得很高的造诣，但是，书法这门艺术却让他领悟到了艺术的特点，既然电脑科技可以作为一种商品，那么它为什么不能再作为一种艺术品呢？于是，乔布斯与设计人员一起讨论出了全新的苹果电子产品外观设计指导：首先，始终以简洁为设计主旨，然后再将苹果电脑中的硬件部分尽量简化。因为，苹果公司自主研发的"苹果系统"与传统的 windows 系统相比，本身就更加方便快捷，所以，苹果的电脑从一开始就走"极简主义"路线，既方便市场大众们使用，也是自身产品的一大特色。其次，他将苹果电脑的主色调定为了白色，一方面突出了简洁大方，另一方面也彰显出了美感和高雅气质，可谓一举两得；最后，苹果电脑最与众不同的外观设计在于无线键盘的设计，键盘上的缝隙被设计得非常小巧精细，让人眼前一亮。与电脑上的 Mac 系统相融合，带来了全新的电脑操作体验。

苹果电脑一经上市，便立刻引起了 IT 业界的地震，市场为之疯狂，人们都纷纷被这个新颖的电脑外观所折服。什么样的电脑会连简介都没有就能让人们上手用呢？什么样的键盘没有一根电线却能让人们爱不释手？什么样的操作系统如此快捷高效却又如此简单实用？这一切都归功于苹果的总设计师——史蒂夫·乔布斯对艺术的深刻理解和想象。

青少年往往都在学习中压抑了自己的身心，在学校或是家庭中的生活里逐渐失去了探索艺术的热心和兴趣。但是，我们也要意识到以下几点：

（1）虽然在我们的日常生活中，艺术看起来是那样的遥远，是那样的高不可攀，但是只要我们主动地去接触和学习艺术，我们就能感受到艺术的博大，不要轻易地否定艺术对于我们成长的帮助与价值。

（2）不仅如此，在艺术的熏陶中，我们也能获得全新的智慧，艺术的智慧即为"想象"，在各种各样的奇思妙想构成的艺术海洋中，总有一个瑰丽的想象能够唤起我们心中的共鸣，只有当我们成长的道路上满是想象与思索的砖瓦时，未来的我们才能创造出理想的高楼大厦。

（3）尊重每一种艺术，艺术的创作虽然有大有小，但都是人类精神的传达，只有带着平等尊重的眼光来看待每一类艺术成果，不轻易以自己的一时喜好而忽略个别艺术类型，才能从艺术的每个细节中发现艺术的真谛，得到想象力上的丰富与升华。

运动激发灵感

运动是人类赖以生存的一大基本活动，一般来说，运动的具体定义是指生物通过运用自身的体力和技巧来进行的一项活动。运动给我们的生活带来了健康和成长，而作为中学生时代的青少年，运动更是能帮助我们增强身体和心理的双重素质。其中，有创意的运动不仅能让我们获得强健的体魄，同时也能提高我们的想象力，能让我们获得丰富的思考。

乔贞是一个非常喜欢体育运动的中学生，每当冬天到来的时候，乔贞肯定是第一个带领全班去打雪仗的人。打雪仗这种趣味性极强的活动总是能吸引许多人，当人一多时，漫天清扬的雪花和场地上飞来飞去的雪球相映成趣，让惯于在教室里绷紧神经学习的众多学子们纷纷响应参与。

　　但是，乔贞发现同学们打雪仗时经常要在雪地里抓起一团雪，搓揉很久才能形成一个雪球，然后才能丢掷出去。乔贞自己也去试了试，觉得用手去抓雪团，实在是太冷了，很多同学甚至因为这样而冻伤了手。于是，乔贞建议大家戴上厚手套再去打雪仗，同学们也纷纷积极响应。

　　但是，接下来的日子里乔贞发现戴着厚厚的手套去打雪仗也不是个好办法，因为厚手套一般都会把手指头一起包住，既然连手指头都包住了，又能如何让手去迅速地把抓起来的雪团捏成一个球形呢？而且手套太厚了，容易让人掌握不到分寸，往往一使劲捏，就把好不容易快成形的雪团给捏碎了。时间一长，同学们都放弃了打雪仗这项课间活动，都觉得要么冻手，要么不好捏雪球。于是，乔贞想要去制作一款既能把雪握在手里自由地搓揉成圆形，同时也能防寒防冻的特殊手套，乔贞开始走访各个冬装店，希望能从各种防寒手套里发现灵感，直到他进入了一家皮革店，摸到皮革手套的一瞬间，他发现皮革虽然轻薄，但是防寒效果非常好，乔贞兴奋地想要让大家试试用皮革手套来打雪仗，可是随即发现皮革手套的手指头部分是一整个圆弧形圆圈包围起来的，就和其他的厚手套一样，妨碍了手指的捏合作用，于是，乔贞买回了皮革手套，想出了一个办法：他用剪刀将皮革手套按照人的手指头大小裁剪出正好足够让手指伸出半个的圆孔，这样一来，人的手指能够自由发挥作用了，同时手套的防寒效果极好，也不妨碍整只手的灵活捏合运动，乔贞戴着这样的手套再次加入了打雪仗的队伍中，让同学们大吃一惊，这简直是为了打雪仗而生的"专家级雪仗手套"，令所有的同学们都爱不释手，接下来，乔贞和同学们通过这种在打雪仗中发现的神奇手套度过了一整个愉快而温暖的冬天。

年轻的凯文·杜兰特是目前 NBA 炙手可热的超级得分手，在得分能力方面，身高臂长的他几乎所向披靡，但是，随着他的强大，NBA 的各个球员和教练们纷纷开始研究他的比赛录像和动作习惯，很快，凯文·杜兰特的得分模式被彻底研究透彻了，他的得分手段基本上就是飞身抢到内线篮板球，然后补进篮筐里，又或者是在外线强行起跳投篮。虽然杜兰特的身体优势明显，身高和速度能够让他不容易被对手封盖，但是，目前对手对杜兰特的限制防守已经越来越严格了，他们在内线禁区里分布了一到两个高大强壮的球员阻止杜兰特的补球和篮板，同时在外线设置了小巧灵活的球员骚扰杜兰特，让他不易在外线出手命中三分。

几周下来，杜兰特被这种限制防守折腾得精疲力竭，于是，他也开始观看其他高个子得分手的比赛录像，希望能从前辈们的运动技术中找到启发。当他看到小牛队支柱"德国战车"德克·诺维茨基的比赛时眼前一亮，这位德国大个子运动员并不以灵活见长，但是他的后仰跳投却是一项几乎无法防守的进攻方式，因为身高太高的人投篮出手点很高，虽然举手的速度较慢，但是"后仰"这一动作非常好地缓解了防守球员对投篮者的干扰，杜兰特非常兴奋，因为他的强项正是投篮，而利用"后仰"这种手段，能让他摆脱本来就不高的外线防守者。但是，杜兰特随即也意识到了其中一点：虽然在外线进行后仰跳投可以摆脱防守，但是后仰投篮本身难度就很大，更重要的是，外线的距离太远，后仰之后离篮筐更远，恐怕就算摆脱了防守队员，也无法保证有效的命中率。如何在摆脱防守的同时保证自己的进攻效率呢？这下杜兰特又开始犯难了，于是他继续选择观看本世纪初期的那些精彩比赛，希望能找到高个子球员们是如何解决这个棘手的问题，但是令杜兰特失望的是，高个子球员里得分能力强的基本都是内线球员，而自己目前所面对的内线防守悍将让自己无法像之前的那些内线巨人们轻松得分，正当他准备关掉录像机出门练球时，突然发现一个没有到两米的外线球员突破进内线，当内线的防守大汉们准备扑上来防守他时，他一个假动作又将突破变为了后撤步，然后在中线距离优雅地起跳投篮，篮球应声落网。杜兰特被这一华丽的进攻手段惊呆了，仔细一看，原来这个人正是 21 世纪初正值巅峰的得分后卫科比·布莱恩特，他向来以全面的进攻手段和假动作颇多的投篮著称，杜兰特突然想到了一点：为何不能把诺维茨基的后仰跳投和科比的假动作后撤步结合在一起呢？一来可以发挥自己的投篮优势，二来可以让自己强大的运动能力转化为迷惑对手的假动作，一举两得。于是，在接下来的一系列比赛中，杜兰特一改往日冲击篮筐和内线的激烈打法，而是压低了进攻速度，利用自己冲击篮筐的假动作加速进入内线，在禁区的球员们准备高高跃起盖帽时，却以自己轻快的脚步向罚球线距离转移，再利用自己的身高臂展进行后仰跳投，让防守投篮的小个子球员只能干瞪眼，却毫无办法。当杜兰特利用这种方法肆无忌惮的得分时，迫使不少球员对他进行包夹，以两人甚至三人的防守来让他无法得分，这时杜兰特又利用了自己身高带来的广阔视野优势，将球传给了远处无人防守的空位球员，让其得分。杜兰特这种可投可传的进攻方法令所有的球队望而生畏，并使他立刻成为了全 NBA 联盟里最具威胁的顶尖得分手，也让他成为了当季常规赛 MVP（最有价值球员）的最有力竞争者之一。

善于组合，才会创造

1 + 1 > 2

善做减法

1 + 1 > 2

　　创造并不是一种固化的思考模式，按部就班和墨守成规是创造的大忌。很多时候，适当地将多种元素融合在一起，再创造性地进行综合改变，就可以得出多样化的创造成果。

　　有这样一个故事：在一次盛大的国际酒会上，中、法、俄、德、意、美六个国家的品酒师狭路相逢，他们都非常推崇自己国家的特产酒。

　　性格较为激烈的俄罗斯人第一个出招。他拿着一大瓶俄罗斯伏特加，高声说道："伏特加是世界第一烈酒，通常产于我们俄罗斯。这种酒在世界范围内都非常受欢迎，喜欢喝烈酒的男人无不钟爱伏特加的激烈和火辣。伏特加的"烈"能让所有人铭记于心。伏特加酒是俄罗斯精神的最佳代表！"大家纷纷表示赞同。

　　紧接着，德国人拿出了德国最具特色的黑啤酒，骄傲地说："我们的黑啤酒是德国的特产酒。在世界上，黑啤酒的销量和受欢迎的程度一直名列前茅。黑啤酒中蕴含着非常丰富的营养，我们甚至称它为'黑色牛奶'。黑啤酒本身也象征着我们德意志民族的朴实品质。"大家听后赞不绝口。

　　此时，不甘寂寞的意大利人也参与进来。他举起一杯葡萄酒，说道："葡萄酒是世界上最畅销的酒类，而它，来自意大利。意大利是世界上最早种植葡萄的国家，也是第一个生产出葡萄酒的国家。而且，葡萄酒能够得到广泛传播，也都是我们的功劳。现在，葡萄酒种类丰富，既可以是平常的消遣，也可以是品位的体现。"众位品酒师平常喝的最多的酒类就是葡萄酒，所以对此十分赞同。

　　法国人看到那三个国家都拿出了自己民族的高端名酒，也不慌不忙地从酒会上拿来了一瓶香槟，并优雅地对大家说道："大家一定觉得香槟酒实在太过常见了，所以很怀疑它是否具备法国名酒的资质？这种观点显然是对香槟的误解。香槟生产于法国巴黎的北部，即使它的产量很高，也不会随便被摆上桌，只有在婚礼、庆典、宴会等场合，才会摆出香槟。香槟是对法兰西民族独有的浪漫情怀的最好诠释。我们的浪漫不拘小节，香槟在开盖儿时所迸发出的酒花和气泡，象征着我们法国人的浪漫，这不正是法兰西民族文化的最佳代表吗？"品酒师们顿时茅塞顿开，纷纷为法国人和香槟举杯共饮。

　　这时，低调的中国品酒师拿出了中国的茅台，其他品酒师都睁大了眼睛，目不转睛地盯着这瓶酒。中国品酒师看出了各位品酒师的心思，大方地将茅台酒打开，给每个人都倒了一杯，然后举起酒杯，对大家说："大家想必都听说过我国茅台的名号，但是对其并不了解。那是因为茅台酒的价格普遍较高，常人难以喝到。茅台酒的尊贵地位早在古代就已经定下了，后来，随着我国酿酒技术的不断进步，我们创造了几乎是世界上最复杂最难的制酒工序。每道工序我们都会严格把关，因此，茅台酒色泽通透，口感舒适绵柔，而且酒香持久。最重要的是，它有着悠久的历史，体现了中国特色的酒文化，这为它增添了神秘感和尊贵性。无论是茅台酒本身具备的品质，还是它背后蕴含的深刻文化，都使得茅台酒成为中国当之无愧的'国酒'。"大家都被这种充满东方气息的美酒迷住了，纷纷沉醉于其中，无法自拔。

过了好一会儿，大家才意识到，还有一个人没有介绍自己国家的名酒，于是，众人一起看向了那位年轻的美国品酒师。美国品酒师狡黠一笑，优雅地鞠了一躬，问道："请问，我能向各位借用一点你们的美酒吗？"其他五位品酒师慷慨地将酒借给了美国人。

美国人拿到酒后，将这五种世界名酒按照比例进行勾兑和搅拌。但是尝试了几次，似乎调出的酒的味道都不好，美国人试喝了几次，都将酒倒掉了。直到各国的品酒师都开始不耐烦了，美国人才解释道："各位，请稍安勿躁。正如大家所想的那样，我们美国确实没有专属于我们自己的名牌美酒，而且，我们要想喝到好酒，只能进口和复制生产。"对于他的话，其他的品酒师都表示同意。

美国人接着说道："美国是一个历史不长的国家，所以，我们的发明往往都是在以世界上其他国家的先进经验和伟大前人得出的成果作为基础，经过进一步研究和调整，最后得出我们自己的全新结果。"

这时俄罗斯人说："但是，酒类的生产，每个国家的名酒都有一套秘制方法，这一点你们美国人是学不来的。"

"我并没有说要抄袭你们的酿酒配方，先生。"美国人回答，"我们会直接利用你们的成果，进行二次创造，就像这样！"言毕，美国人将五杯色彩斑斓的酒端到了大家面前。

"现在，请大家品尝我为你们调配出的鸡尾酒吧！"美国品酒师自信满满地说。众人纷纷品尝鸡尾酒，他们就惊奇地发现鸡尾酒里既有中国茅台的清香，又有黑啤酒的甘甜，还有着伏特加的烈和葡萄酒的芬芳，最后还有一丝麦芽香槟的酒花。这杯鸡尾酒几乎包含了各国名酒的精髓，而且，味道恰到好处，正是自己最爱的那种酒。

"你是怎么做到这一点的？"众人忙不迭地问道。

"我在品尝你们带来的美酒时，记下了每种名酒的特色和味道，根据每个人不同的饮酒习惯和品酒喜好，适当地改变鸡尾酒中几种酒的比例，然后适当地搅匀，就成了你们眼前的鸡尾酒了。"美国品酒师回答道。

"可是，"中国人打断了他，"你用的是我们的酒啊！"

"的确是你们的酒，"美国人轻快地回答，"但是，通过我们的加工就制作出了全新的酒。这就是我们的酒。将世界上众多优秀的文化综合在一起，进行新的发明创造，同时兼顾每个人的感受，这种勇于开拓创新和尊重个体的品质，不正是我们美利坚民族的精神吗？"

在场品酒师都为美国品酒师调配的创新鸡尾酒与博采众家美酒的精神所折服，为他热烈地鼓掌喝彩。

无独有偶，同样是在美国，有一位名叫华莱士的年轻人，他28岁时加入了军队，然后开赴战场作战。不幸的是，他在一次战斗中受到了重伤，不得不被遣送回安全区进行救治。虽然没有生命危险，但他也不得不结束他的军旅生涯，于是，华莱士从一个士兵变成了一个只能躺在病床上的病人。而作为一个伤病员，他在闲暇之余没有其他的事情可以做，只能拿起手边的报纸和杂志，开始阅读文章。久而久之，华莱士养成了记录文摘的习惯，从中他学到了许许多多的人生道理。有一天，当他像往常一样记录自己喜欢的报刊文章时，他突发奇想：全美国喜欢看杂志报纸的人肯定不止他一个，但是很多人所看的报刊杂志都是一次性的，即使上面有很不错的文章，看完后随手一放很容易就再也找不着了，这不是非常可惜的事情吗？

于是，华莱士从以往单纯地记录自己喜欢的文章，变为记录大量不同形式、不同体裁的好文章。这些优秀的文学作品虽然并不都是华莱士喜爱的类型，但是难保这不会引起其他人的共鸣，只要是好文章，总会有人欣赏。

当华莱士的身体好了一些时，他便开始用心整理自己所搜集和摘录的各类文章，然后把它们发送至出版公司。但是，当时的出版业界并不看好这类整合类型文集，认为这类文集里收录的都是其他人的文章，就算其他人同意了，也未必能有很好的销量，因为里面的文章很有可能已经被大部分人看过，于是都拒绝了华莱士的出版请求。但是华莱士并没有放弃，他依然坚持每日摘抄精美的文学作品。

最终，华莱士发行了美国历史上第一本集合类型的文学刊物《读者文摘》。《读者文摘》在发行的第一个月，就受到了全美热爱阅读的人们的欢迎。人们被这种独立且精美的文章牢牢吸引，更重要的是，其中的许多文章令读者们感觉似曾相识，但又记不起来到底是在哪里看过，这使得这本刊物的吸引力更强了。接下来，华莱士又定期更新一些其他作品，让刊物在收录精美文章的同时，也加入新鲜的原创作品。这种"经典旧作"加"原创新品"的文集模式在美国大获成功，华莱士也从一名默默无闻的伤兵成为出版界的宠儿。数年后，《读者文摘》一举登上了美国"全美最受欢迎杂志"与"美国刊物销售排行榜"两个排行榜的顶点。

英国有一对青少年男女，他们在小的时候遭遇了不幸，男孩米勒在一次车祸中失去了自己的右腿，而女孩苏珊则是在小时候患上了骨癌，而为了避免骨癌进一步恶化，不得不忍痛切除了自己的左腿。二人在同一家康复中心相遇了，这次相遇让二人逐渐熟悉起来，最后邂逅发展成了爱情，最终他们决定在一起生活。虽然他们都是残疾人，而且行动都不方便，但是二人都没有放弃。既然残疾让他们走到了一起，那么，为什么不能让残疾成为两人生活的助力呢？他们决定，让自己的腿成为对方的另一条腿！二人将自己和对方用细绳固定在一起，在家中的时候，要去哪儿都一起行动，这样一来，左右双腿就可以一起行动了。夫妻二人完全适应了这样另类但创意非凡的配合生活后，就像运用自己的双腿一般，最后，英国的人们为米勒与苏珊的创新性配合和深厚的感情所感动，称呼他们为"互补夫妻"。后来，这种以增加对方没有的残肢，进行创造性补全的生活方式被广泛地推广宣传开来，让英国乃至世界许多的残疾人都有了新的朋友，发展出了许多美好的情谊。

这些事例说明，创造力需要的不仅仅是思考和才能，更需要勇于尝试的勇气，如果没有美国品酒师进行鸡尾酒的混合尝试，那么我们直到现在也不知道这个世界上会不会出现鸡尾酒这种神奇的酒类，美国也就会缺少自己民族的一种名酒；如果华莱士只是看着自己的文章和摘抄，而没有将其汇总壮大，《读者文摘》也就不会成为享誉全美的优秀读物；如果英国的那对夫妇没有捆绑固定在一起生活，也就不会体会到生活上的互帮互助了。

海阔凭鱼跃，天高任鸟飞，我们只有善做加法，具备了综合思考的能力与"合众为一"的勇气，才能将创造力转化为现实。

善做减法

　　很多人都认为，创造是人类思想不断递增的活动，很多创造都是基于不断增长的知识、见闻、阅历、生活等经验产生的。虽然大多数人类的创造活动的确是依赖各人的智慧积累来实现的，但是，正如哲人所言："世界上没有两片相同的树叶。"同理，就算是创造力，在不同的人身上，也会有不同的体现方式。有时候，除了思想上与行动上的不断积累，适当地减负和丢弃掉一些过时、冗余的思维，也可以使自己的思维从桎梏中解放出来，从而形成创造力。

　　很久以前，欧洲北部临海地区盛产一种名为沙丁鱼的鱼类，沙丁鱼是人们餐桌上的美食，同时也可以成为动物的饲料；它的身上还会产出鱼油，作为油漆和颜料的制作材料，可谓是"浑身都是宝"。沙丁鱼利用价值高，而且鱼肉鲜嫩可口，是不少欧洲城镇居民都很喜欢的优质食材，所以，很多北欧的渔夫都非常热衷于打捞沙丁鱼。沙丁鱼的繁殖速度很快，每天都会有新鲜的沙丁鱼被打捞上来，渔夫们欣喜若狂，都认为这是北欧之神赐予他们的礼物。

但是，城镇里的人发现沙丁鱼常常在购买的时候已经死了，虽然还可以继续食用或者加工出鱼油，但总是比不了活鱼，所以，在沙丁鱼的定价方面，活着的沙丁鱼要比已经死掉的沙丁鱼高出好几倍。渔夫们想方设法想让自己打捞上来的沙丁鱼存活到鱼类市场，却始终没有人能办到。

这是因为沙丁鱼有一种特殊的生活习性，即使它们待在水里，也会因为缺乏运动而导致缺氧，然后窒息，甚至死亡。在海洋里它们经常活动，因此不会缺氧。一旦被捕捞上岸或者进了鱼篓里，周边都是同类，没有了天敌和竞争，沙丁鱼就变得懒惰，而不爱运动，结果就在鱼篓子里窒息身亡了。

渔夫们为了延长沙丁鱼存活的时间，有的人不停地往鱼篓里撒鱼饲料，结果沙丁鱼因为有吃的食物更加懒散，死得更早更快；有的人加入了寒冷的冰块儿来降低鱼篓中水的温度，想要以此刺激沙丁鱼，让它们动起来，严寒和高纬度是它们天生的生长环境，它们根本不在乎水温的降低，结果还是大批量地死去。

大家绞尽脑汁都没能挽留住沙丁鱼的生命。但是，不久后，一位年老的渔夫却带回了鲜活的沙丁鱼，令所有人大吃一惊，不少人都向这位老渔夫请教方法，但老渔夫笑而不语。直到这位老渔夫去世的时候，不再做渔夫的儿子才把老渔夫的方法公诸于众。

原来，老渔夫只是在装满了沙丁鱼的鱼篓中放进了一条鲇鱼。鲇鱼是沙丁鱼的天敌之一，向来以沙丁鱼为主食。原本待在鱼篓里的沙丁鱼因为混进了鲇鱼而四散奔逃，于是，在这个狭小的鱼篓里，上演了一次次的"追逐大战"，被追上的沙丁鱼就立刻被鲇鱼所吃掉，这样在整个返航去菜市场的路上，沙丁鱼都处于亢奋的运动状态。这样一来，因懒惰而造成的缺氧就不会再发生了。

众人都为老渔夫的捕鱼智慧拍案叫绝，但是，还是有不解的渔夫问道："你的父亲就这样直接把鲇鱼放进了沙丁鱼群里，难道就不怕哪一天鲇鱼因为饥饿，直接把鱼篓子里所有的沙丁鱼都吃光吗？就算没有吃光，损失了鲜活的沙丁鱼，不也很可惜吗？"

渔夫的儿子笑着答道："从一开始放入鲇鱼，我的父亲就知道损失是不可避免的。但是，父亲也知道，鲇鱼虽然以沙丁鱼为食，但是鲇鱼的个头小，食量有限，就算不幸真的被它吃了好几条沙丁鱼，那也是可以承受的损失。一旦它吃饱了，也就没有什么动力去追其他的沙丁鱼了。但是其他的沙丁鱼不会停止逃跑，因为前面那些被鲇鱼吃掉的同胞已经使它们产生了恐惧感，为了保住自己的小命，它们还是会继续游动的。至于损失嘛，哪种方法都会有损失，只要能够保住大多数沙丁鱼是存活的，那么我们始终都是稳赚不赔的，何乐而不为呢？"众渔夫恍然大悟。

想得到创造力有时候也要适当地做出牺牲，这种牺牲并不是单纯地付出和减少受益，而是为了创造力的最终实现。幽默大师卓别林的一则故事最好地诠释了创造力中的"减法"。

有一天，卓别林行走在夜晚的偏僻街道上，他刚刚结束了演出，得到了一笔不菲的演出费。当他快到家时，从路边窜出了一个劫匪。

"你好啊，先生。现在，不要乱动，也不要大声喊叫，否则，我手里的枪就会打爆你的脑袋！"劫匪威胁地晃了晃手里的枪。

卓别林无奈地点了点头。

"很好，把你的钱包交出来，别耍滑头。"劫匪用枪指了指卓别林衣服鼓起来的地方，看来他是一个抢劫的老手。

"好吧，我会给你的，请不要伤害我。"卓别林叹了口气，把装在衣服里的钱包掏了出来，递给了劫匪。劫匪依然没有松懈，他用右手持枪对准卓别林，用左手打开了钱包，往里面扫了一眼。

"哦，我亲爱的先生，你的钱可真不少啊，哈哈，很好，今天真是大丰收。现在，你可以走了。"劫匪挥了挥拿枪的那只手。

看着劫匪那凶悍的架势和荷枪实弹的左轮手枪，卓别林觉得自己的钱是拿不回来了，垂头丧气地往自己家的方向走去。突然，我们的幽默大师眼珠子一转，想到了一个大胆的主意。他突然又转过身去，对着劫匪大喊一声："喂，你好。"

劫匪被吓了一跳，连忙用枪指着他，大喊："你疯了吗？给我闭嘴，回家去吧！否则我就结果了你。"

这时卓别林镇静下来，他挥挥手说："别紧张，哥们儿，你看，我现在什么也没有，没有钱，没有武器，没有扩音器，这里很偏僻，你不用害怕。"

"你到底想干什么？"劫匪不耐烦地打断了他。

"哈，也没什么，先生。我是一个替主人跑腿的下人，你也看到了，我的钱包里有那么多的钱，可是一般人会在自己的钱包里一次性放这么多钱吗？显然不是。这只是我替我的主人取回来的钱，暂时放在我的钱包里罢了。"

"你这个蠢货，这和我有什么关系？"劫匪眼露凶光，"我才不关心你的钱包里装着的是谁的钱。现在，这些钱都归我了！所以，现在，给我滚！"

"哦，先生，我也想这么做，可是，万一我回到家中，主人问我取回来的钱哪儿去了，我要怎么回答呢？我也没有任何证据可以证明我是被您抢劫了呀？"卓别林假装可怜地说道。

"那么，你这个家伙到底想怎么样？"劫匪问。

"不如这样吧。您看，我总得要带点我被抢劫的证据回去，这样才好向我的主人交差，我也好辩解。所以，请朝我的帽子上开两枪吧。"卓别林摘下了帽子对着劫匪说。

劫匪觉得这个倒霉的家伙也许确实回去不好交待，于是对着帽子胡乱开了两枪，然后就准备离开了。他刚想转身离开，卓别林又叫住了他。

"怎么？我不是已经向你的帽子开了两枪吗？"劫匪问道。

"啊，是的，谢谢你先生。不过我觉得光是帽子上有两枪，还不足以说明我真的遭遇了抢劫，要知道，我被抢的可是很多钱呢。区区两枪，我主人是不会那么轻易就相信我的钱全部被抢走了的，所以，请再对着我的大衣开两枪吧。"卓别林举着自己的大衣说道。

"你可真是个怪家伙，好吧。"劫匪嘟嘟囔囔地答应了他，然后对着他的大衣也开了两枪。但是，卓别林还是拉住了他。

"这次又怎么了？你这个该死的跑腿儿的！"劫匪生气了，"我已经给你四枪了，不要让我改变主意给你的脑袋也来上一枪！"

"啊，不，请不要误会，我是个可怜的送货人，您也看得出来。"卓别林立马摆出一副可怜的样子，"即使我真的挨了四枪，我的主人也不会怜惜我，他只会关心他的钱去哪儿了。所以，如果你愿意再给我的裤腿来上两枪，那他就一定会信服了，我的任务也会令他满意些的。拜托你了，请给我的裤子也来上两枪吧！"

"哦，你可真是所有被我抢劫的人里最麻烦、最愚蠢的家伙了。好吧，现在，快点从我眼前消失！"劫匪说完，对着卓别林的裤腿就是一枪。但是在打第二枪时，他怎么也扣不了扳机了。原来，劫匪已经把子弹用光了。这时候卓别林一跃而起，夺走了劫匪手上的钱包，向着住宅区的方向一路狂奔，只剩下劫匪一个人傻愣愣地待在原地。

如何不断递减来达到创造目的，也是一种卓越的智慧。卓别林异想天开般地利用消耗劫匪子弹的方式逃脱，谁又能否认这种令人匪夷所思是创造力呢？

　　武汉有一家大型商场，正面临着经营危机，许多员工和商场里的营业员常常一副无精打采的样子，人事部经理的位置也一直空缺。后来，年轻的翟莉娟出任此职位，她上任后立刻察觉到了整个商场中员工的慵懒散漫状态，于是决定整改这种不良的工作状态。

　　她让自己的秘书拿来商场的员工守则，准备先研究一下商场的规定，再制定出一套行之有效的规章办法。当秘书拿来所有的文件时，翟莉娟吓了一跳。原来，员工守则的文件多如牛毛，足足有上百页。她连忙拉住秘书问道："程秘书，难道你们之前的工作规章制度里没有写入这些细则吗？"程秘书回答："前任人事部经理已经将所有的规章都阅读过了，一字不差地写入了规章制度里，而且比这些定得更加详细。可是不知道为什么，员工的干劲儿就是提不起来。"翟莉娟觉得很奇怪，为何之前的规章制度已经这么详细了，员工的工作态度还是这么消极呢？于是，她决定自己主动去和员工们沟通。

　　在和员工们打交道的过程中，翟莉娟发现很多时候营业员们都是站在一起聊天，或者干坐着，因为商场的营业时间高峰期不多。客人来的时候，他们才行动起来，但是这样往往会令进来商场的顾客感觉他们的态度较差，而且，在客人稀少的时候他们也不知道该干什么，所以要么聚在一起聊天，要么就坐着发呆。这样的场景被偶尔经过的顾客看到，又会造成不良影响。翟莉娟回到了人事部门，仔细将之前的管理条例阅读了一遍。她发现了一个问题，这些条款虽然内容繁多，且规定细致，但是都没能有效地约束员工的消极情绪，而且，大多数条款写得太过宽泛，这些没有系统化的规定难免会让员工们产生混乱。最重要的是，之前的某些条款没有从商场的实际情况出发，要求定得过高，反而起到了反作用。

基于"从实际出发"的商场经营原则，翟莉娟重新制定了商场员工的管理制度，整个制度只有六项规定："三无"与"三有"。所谓"三无"，就是要求整个商场在上班营业期间"地上无垃圾"、"商品柜上无乱放商品"，以及"无堆积货物"。这三项分别针对清洁工、营业员以及搬货工：清洁工将时刻注意地上的垃圾纸屑，一旦发现垃圾要立刻清扫干净；营业员要时刻注意货柜上的商品是不是都按照种类摆放，如果有放错的商品，要负责还原；搬运工们要将放置的货物搬进储藏地点，确保不妨碍顾客通行。"三无"可以说是将所有的工作人员都充分调动了起来，让他们时刻忙于工作。

所谓"三有"，即"每次交易有存根"、"每个客人有介绍"，以及"每个商品有标签"，即让收银员时刻都记得要核对交易清单和计算价格；让站在货架旁的服务员也时刻留意周边是否有需求帮助或咨询的顾客；同时也要将商品的价格标签整理到位，整体上为顾客营造出一种商场时刻都忙碌着的景象，为顾客提供认真的服务。

最后，商场在翟莉娟创造的全新制度引导下，成功地走出了经营上的危机。

在创造的世界里，最大敌人就是束缚，有时候考虑过多就会受到约束，从而让创新无从开展。与其这样，不如让各种问题简单化，"化繁为简"不仅仅是一种控制的手段，更是一项想象力上的艺术。

青少年在进行充满创意的想象时，除了将平时观察和积累的知识与实际相结合，从而创造出全新的想法和发明之外，也要领悟"简单"这个词的深层内涵，努力掌握"化繁为简"的艺术。俗话说"有舍才有得"，什么都不放弃的人，也必将什么都得不到。我们只有在正确的思维与适当的实际相结合后，才能得出最完美的创意成果。

第五辑

变变变，散散散！

变换思维
发散思维

变换思维

　　人类之所以能够在历史的长河中生存下来，经久不衰，历久弥新，除了作为人而言最宝贵的"学习能力"之外，还有另一项更重要的能力——创造能力。在人类不断进化的时代潮流中，无数的发明创造成为了人类发展的基石，那么，我们不禁要问：创造力中最重要的思维是什么呢？为何人类始终都能保持着创造的热情和方法呢？这也就是我们今次要探讨的话题。

　　上海，作为全中国最重要的经济中心，它的发展离不开对城市的大胆规划和创造性建设，但是这次我们暂不提那些伟大的创造设计，也不提那些繁杂的经济数据，我们单单从一家普普通通的蛋糕店的创新，来诠释上海这座老牌经济城市至今仍然保持着的想象力。

　　要问上海最著名的"吃货圣地"是哪儿，那么很多人第一反应一定是上海的老字号旅游地——上海城隍庙，虽然大部分人早就对上海的城隍庙旅游区心驰神往了，而且城隍庙里的各种特色小吃的确是口味众多，可以满足不少人的食欲，让大多数人一饱口福。但是，资深的上海本地的"吃货"则会把你拉到一旁，悄悄地向你推荐另一个地方——上海"世界食品城"。

　　在世界食品城里，全都是上海最好的点心作坊和小吃制作商，你可以直接在那儿找到各种各样现做的糕点或者别具特色的小店。其中最具特色的食品店，是一家名叫"法比安娜"的蛋糕作坊。"法比安娜"在上海"世界食品城"里属于较早成立的一家蛋糕房，而且走的是欧洲大陆风格的蛋糕制作路线，但是在后来，上海的经济实力吸引了周边不少外地的蛋糕作坊纷纷进入到"世界食品城"中，随着业主的增多，"法比安娜"这种一味的欧洲大陆式风格的蛋糕房几乎已经快爆满了，"法比安娜"蛋糕房的销量也大不如前，销售额连续下降。当时的蛋糕房老板为此非常着急，尝试着推出了许多不同口味、不同搭配的蛋糕，却始终比不了那些从外地来的蛋糕房所具备的独家技术和秘制配方，客流量逐渐都被周边的蛋糕房给抢走了。但是，干发愁也是于事无补的，老板决定变换一下思维：既然我们蛋糕房本身只能做蛋糕，做不出别的来，那么与其纠结在蛋糕上下功夫，不如变换一下思路，主动走出去看看那些喜欢吃蛋糕的人们真正需求的蛋糕到底是什么类型的。于是老板派出了自己蛋糕房里所有的店员和伙计，到"世界食品城"的每一家蛋糕房里去观察旅客们的喜好，观察蛋糕销售最火热的几家蛋糕房生产的蛋糕有什么不同之处，当店员们回来反映情况时，老板认真地做了笔记，之后通过整理发现，凡是卖的最火的蛋糕都是充满新意的，这种新意并不是蛋糕的口味，而是特殊的造型，而顾客们最喜欢的往往也是自己最中意造型的蛋糕。

这下，"法比安娜"的老板恍然大悟，立刻联系到海外的一家科技公司，进口了一台"影像制作机"，将其利用到蛋糕的制作上。简单的说，就是把人们喜欢的图像通过电脑技术的扫描功能，直接复制下来，印在蛋糕上，从奶油的颜色、蛋糕内部的内容、蛋糕整体的造型，统一由"影像制作机"来完成。这下，"法比安娜"蛋糕房仿佛成了一个梦幻般的"梦工厂"，顾客们惊喜地发现，几乎自己所有想要的形状都可以通过"影像制作机"完全打印在蛋糕上。比如可爱的小猫小狗、巍峨的大雪山、漂亮的花花草草，甚至还有活灵活现的卡通形象，都可以直接化为美味的蛋糕。

如此一来，"法比安娜"蛋糕房顿时门庭若市，顾客们都想看看自己最喜欢的图像是不是真的能在这家蛋糕店里化作现实，于是，越来越多的人被带进了这个奇妙的幻想世界，"法比安娜"蛋糕房也成为了上海"世界食品城"里第一家，也是唯一一家"影像蛋糕房"，获得了巨大的财富和声誉。正如我们所看到的，同样是做蛋糕，"法比安娜"蛋糕店的老板在当初时勇敢地进行思维的变换，有时候创造并不需要一条道走到底，偶尔变个思路，同样可以找到前进的方向。

在巴西的圣保罗，有一座世界知名的购物小镇，这座小镇每年都有不下数十万人专程来这儿购物和观光。其实，这座小城以前是一个贫穷落后的小镇，既没有什么旅游资源，也没有什么独特的风土人情，而且远离巴西的经济发达地区，那么，它是如何摆脱这个贫穷的窘境呢？

当时的镇长发现本镇后面有一座高山，山上面有很多巨大的树木，镇长和其他专门做木材生意的人们非常高兴，认为只要能把这些树木砍伐下来，小镇就可以通过出口优质的木材来解决贫困的危机了。于是，镇长当即决定不日后与大家一起上山伐木，当镇长和大伙儿一起兴致勃勃的登上山测量树木的高度和长度时，才失望地发现，原来这些树木在整个巴西到处都是，巴西本来就有世界上数一数二的热带丛林，而这种树木随处可见，而且材质并不是很好，其他各个地区都有比这种树木更好的优质木材，所以小镇后面的山上所生长的树木几乎没有什么出口价值了，它唯一的特点，也只不过就是特别高大而已。

正当众人纷纷扫兴地回家之后，镇长也沮丧地打开一盒火柴，准备拿一支火柴抽根烟，然后，他发现火柴盒里有一根特别长的火柴，于是，就特地挑选了这一根，当他划过火柴的一瞬间，火柴与思维的火花被一同点燃了。他突然回过头来望着这些参天大树，脑子里有了一个绝佳的主意。他连忙把那些伐木工人重新召集起来，动员大家一起回到山上去伐木。有些伐木工表示不解，问道："这些树木太大了，而且整个巴西到处都是这样的树，又没有什么特别之处，就算砍下来当柴火卖，也卖不了几个钱的，我们又何必去浪费时间呢？"

镇长自信满满地回答："你错了，我们砍下这些木材，不是为了单纯的卖出去，我们要创造一项壮举！"

众人面面相觑，不明白镇长的意思，但还是硬着头皮重新回到了小镇后面的山上，开始了伐木工作。当众人费了九牛二虎之力，才把巨大的木材运回城镇里时，镇长下达了下一步的指令：将这些巨大的木材，做成巨大的火柴！

大家更不解了，把这么大的木材拿来做火柴，这不是很浪费吗？有些人甚至觉得镇长是在玩弄大家的热情，表示了不满，正当大家聚集在广场上，要求镇长出面给个说法时，镇长出现了，他平静地解释道：

"大家有没有想过，当我们打开火柴盒的时候，下意识会选择哪种火柴呢？"

"当然是又粗又长的那根了。"人群中有人回答道。

"是的，我们会选择最大的那根，其实，这和火柴的品质无关，我们凡是对于越普通的物品，反而会越喜欢选择大号的，因为这是人类内心对庞大物件的好奇心所决定的。所以，我们将这种巨大的树木材料做成巨大的小物件，一定会引起人们的好奇心，到那时候，这些看似毫无用处的大树，就会成为我们致富之路上的宝贵材料了！"

大家觉得有道理，于是纷纷开始加入手工加工木材的队伍，直到有一个路过这个小镇的人发现这里的火柴居然有足足20厘米长，然后回到了自己的故乡，这个"火柴像巨人般用的"消息不胫而走，让大量怀着猎奇思想的人纷纷来到这里。镇长的预言实现了，大家立刻开始构思更多跟新奇的"大号"小商品。于是，这个小镇做出了0.3米长的锅碗瓢盆、做出了有一人高的木头椅子、做出了半个手臂那么长的笔，甚至还做出了桌面那么大的一副纸牌。这样稀奇古怪又滑稽可笑的大号商品引得顾客络绎不绝，纷纷挑选着自己喜欢的大号用品，还引来了美国的财团进行合资生产。直至目前为止，这座圣保罗边上不起眼的小镇被称为"巨物之城"，它已经成为了整个圣保罗，甚至整个巴西最重要的旅游景点之一，每年创造的收入和利润让小镇人民的生活达到了富足水平，这不得不说是善于变换思维的镇长的功劳。

看够了那些比较大的"改变性创造"，我们也可以看看我们身边的那些小发明对我们生活的影响：

宁夏一所中学里的学生徐阳是一个喜欢帮助父母做家务的孩子，有一天，他在厨房看到爸爸在切菜，菜刀上满是菜屑，爸爸叹了一口气，把菜刀放在水管下冲洗之后，才再一次用菜刀切别的菜。他问："爸爸，反正菜刀都是要切菜的，就算清洗了，下一次不是也会沾上菜吗？那又何必再去浪费时间去清洗它呢？"爸爸笑着回答他说："虽然麻烦，但是如果不清洗干净，就去切别的菜，之前的菜屑就会和其他的菜混杂在一起，会破坏味道的，而且菜屑在菜刀上，不好切菜，会影响切出来的切口大小和形状的，所以，每次我切完一种菜，就要去洗一下菜刀啊。"徐阳开始想，究竟有没有什么办法能够一劳永逸地解决这个问题呢？

他回到房间，发现了抽屉里有一块磁铁，他想，磁铁应该不会沾染上没有磁性的菜屑，但是，要怎么样才能生产出一把磁铁菜刀呢？突然，他想到，其实不一定要用磁铁去做一把菜刀，就算是普通的菜刀，也是可以直接与磁铁相吸的呀。想到这里，徐阳连忙跑去文具店找来了一大堆磁铁，然后把它们按照一边粗一边细的规格制造成了一个切片，在拥有了两块"磁铁切片"之后，他把它们粘在了菜刀上，菜刀就仿佛像是穿上了一件磁铁外衣一样，但是由于切片形状的设计，刀刃还是可以顺利的利用，在切菜时，菜屑因为磁铁的效应，沾不上磁铁切片，而刀刃依然能够顺利的工作，而且因为磁铁切片上粗下细的设置，让切菜时菜的形状也非常的整齐洁净，可谓是一举两得。

香港有一位中学生阿星非常喜欢做些小发明，他发现在街道上经常有老年人弯腰去捡取一个自己掉在地上的东西，结果因为上了年纪，而不幸扭伤了腰部，他在想，到底怎么样才能让老年人不再那么容易扭伤腰部，就能捡回自己的东西呢？于是，他设计了各种吊带、护腰、以及加厚的腰带等等，但是，他发现这些东西都只能是辅助，治标而不治本。有一天，阿星看到街上有很多中老年人都拿着一根手杖，突然想到了：既然老年人总是会弯下腰来捡东西，与其想着怎么去保护他们的腰，倒还不如想着如何让他们顺利的捡回东西，最好是让他们不用弯腰就能捡回掉落物，这不就也等于是保护他们的腰部了吗？

阿星决定，就拿老年人经常随身携带的手杖来作为拾取掉落物品的工具，于是，他找到了一根手杖，开始对它进行大刀阔斧的改造：首先，他在手杖的底部加上了一个可以弹出的小爪子，在老年人们掉了东西后，可以通过手杖上端的一个按钮让这个小爪子弹出来，拾取东西；其次，他在手杖的顶部还安设了一个小型手电筒，让老年人在夜晚的路上也能看到掉在地上的东西，以及找到底部爪子的按钮；最后，阿星还非常贴心地设计了一根挂在腰间的细细钢琴线，钢琴线虽然细，但是韧性非常强，轻易的拉扯也不会让它断掉，他就是利用这根钢琴线，来将手杖和老年人本身联系在一起，这样就算是手杖本身掉了，老年人也可以不必弯腰，直接拉一拉腰间上的钢琴线，就能把手杖拾起来。这样独到又精致的设计，最后让阿星荣获了香港青少年科技大赛的一等奖，而且让许多的老年人避免了因拾取东西而扭伤腰部的危险。

人的创造力来源于想象的思维，而思维则是需要变化的，只有不断变化的想象力才能适应这个不断进步的世界，如果思维一旦僵化，那么看问题就会只停留在表面现象上，从而看不清问题的本质。"物竞天择，适者生存"，这条亘古不变的自然法则，用在人类的创造力上，也是至理名言，只有根据实际情况的改变和事物变化的规律进行不断变化，才能使创造得以实现。

发散思维

　　人的思维不仅要根据我们所处的环境时刻变化，还要仔细思考该怎么变，有些人的思维会因为没有考虑周全，而将自己原本良好的思维给变进了死胡同里，结果出不来了。这就是不科学的思维变化。一般来说，不存在完全放之四海而皆准的思维模式，因为思维始终都是需要变化的，而在各种思维的变化中，"发散思维"当属最有效、最灵活的思维方式了。

　　江苏作为一个沿海省份，有许许多多的沿海酒吧，这些酒吧都属于比较高档的娱乐场所，经常会有很多情侣来到这些酒吧街里逛街或者走进某一家酒吧，坐下来慢慢品酒谈情。各大酒吧的老板都非常想将顾客留在自己的酒吧里，尤其是那些青年男女恋人，因为他们往往呆在这里的时间越长，点的饮品和酒水也就会越多，到时候所赚取的利润也就越多了。于是，酒吧的策划者们纷纷开动脑筋，设计出了各种情人专用座位、情人专用酒吧套餐、情人顾客赠品等，来促进情侣们的消费，但是大多数年轻人早就已经经历过各种各样的商场竞争和针对他们的活动了，这种狂轰滥炸式的消费活动根本吸引不了广大情侣们的消费热情。为此，有一个酒吧的老板公开贴出告示，希望能够有人提出一个行之有效的挽留情侣消费者的策划方案。

正巧，江苏某中学的小朱向来喜欢挑战那些难办的策划任务，这次，他发现了这个促进消费的策划，觉得很有意思，为什么这么多的策划项目，都很难对情侣消费者们奏效呢？既然要解决身为顾客的情侣们，首先就要去了解这群特殊消费者们的消费特点。于是，小朱想方设法地进入到了其他普通的酒吧里，观察每对男女青年们的消费情况。首先，通常一对恋人进入到酒吧里时，都会选择性地点自己喜欢的酒水，并不会多点其他的点心或者其他的套餐。所以，以往的策划多半都是以情侣套餐的形式出现的，却因为情侣平时的消费习惯而完全没有实现。其次，情侣们一般比较注重消费地点的氛围，酒吧里的氛围普遍比较嘈杂，所以情侣们都会特意去选择一个包间来单独相处。结果，往往在酒吧外面进行的促销或者有趣的活动，在包间里的情侣却一个也看不到，也享受不到活动的乐趣了。

小朱现在犯愁了，他和大多数的策划者一样，满脑子里都是好的节目和想法，促进酒吧里的情侣消费，关键就在于，这些想法就算再新奇、再有趣，可是一直呆在包间里的情侣也根本看不到，更别提通过这样来进行消费刺激了。这该怎么办才好呢？正当小朱急得抓耳挠腮的时候，突然看到一对情侣被酒吧中悠扬的歌声给吸引住了，原来，酒吧的外厅通常都有演奏乐器的乐队长期驻唱，原来情侣们在意自己所处的坏境里是否有音乐啊，那么问题就简单了，我们就利用酒吧里的音乐来发散出挽留情侣顾客的方式。

小朱跟该酒吧的老板说了这个想法后，老板提议不如就在情侣们都很青睐的包间里设置点歌台，或者再去专门请一只驻唱乐团来酒吧，向每个情侣的包间里提供唱歌服务。小朱觉得这种方式太过直接生硬了，可能反而会引起情侣们的反感和抵制，而且专程为了情侣包间再去请一只驻唱乐队，成本也未免太高了。小朱苦苦思索，要如何把音乐发散到每一个情侣的服务之中呢？

有一天，小朱在家里写作业，突然台灯熄灭了，小朱想，一定又是插座和电线的接触不良吧，于是把台灯拿起来，往上提了一下，台灯果然就亮了。突然，小朱灵光一闪，想到了一个绝妙的主意，兴奋的他连忙赶往酒吧街，将自己的创意向老板说明：首先，我们可以把一个储存着煽情优美的音乐芯片安装在酒杯的杯底，然后用一层有颜色的薄膜将它固定和隐藏起来，然后将开关设计在放置酒杯的桌子上面，也就是酒杯一开始放置的地方。当酒杯被情侣们拿起的时候，开关就被打开了，悦耳的音乐就会响起，而当情侣们想要结束掉音乐时，只需要把酒杯放回之前初始的桌面位置就行了，放在其他位置则音乐继续播放，而且，根据情侣们的需求，还可以设置各种不同的音乐芯片来装在不同酒类的酒杯上，促进其他酒类的销量。

老板为这个策划方案彻底征服，拍手叫好，立刻实施。于是，这间沿海酒吧成为了名副其实的"音乐主题"酒吧，每当情侣们进入安静的包间时，举起了酒杯，就被优美的音乐旋律所打动，让他们忍不住要继续欣赏，于是点的酒水也慢慢变多了。情侣们被这种浪漫的享受所打动，于是就会点其他的酒来促进彼此的感情和共同话题。还有的情侣为了听不同的音乐，甚至将所有的"音乐酒"都点了一遍，逐渐，好奇的情侣们纷至沓来，都想一品这家"音乐酒吧"的神奇"音乐酒"，酒吧的生意顿时火爆非常，令其他同行们羡慕不已，而让这个创意方案实现的"小发明家"小朱也获得了一笔相当可观的奖金。

荷兰连续多年都荣膺了"欧洲最清洁国家"，但是，很少有人知道，有一段时间，荷兰人都不愿意将手里的垃圾规规矩矩的丢进垃圾桶，即使勉强将垃圾丢进垃圾桶，也很少有人愿意将垃圾仔细分类之后，再投进垃圾桶。于是，荷兰的垃圾桶到处都塞满了不同类别的垃圾，再就是随处可见不愿意按照规定丢进垃圾桶里的垃圾被丢的满大街都是，为此荷兰的卫生组织和当地政府头疼不已。而当时为了让市民们安分地将垃圾丢进垃圾桶里，当局想了不少的办法，但是始终都没有奏效，人们依然还是我行我素的随地乱扔垃圾。

荷兰卫生局为此向整个荷兰社会征求整改建议，要如何才能让广大市民们遵守公共道德，将垃圾好好放进垃圾桶里呢？有的人提议，设置一个奖惩分明的制度，通过制度来鼓励认真遵守秩序的人，用罚款来遏制乱丢垃圾的人。但是，该项措施实施以后，还是没有收到很好的效果，虽然乱丢乱放垃圾的现象比之前略微下降，但是垃圾不分类就胡乱丢进垃圾桶里的现象比例却越来越升高了。这也会造成卫生工作者的困扰。而且，荷兰人的人均收入普遍都比较高，那么一点的卫生罚款，很多人完全都不放在眼里。再加上荷兰本身率性而为的开放民族性格，很多人就是愿意按照自己的心思来做事，不在乎所谓的"美德"或者"规章制度"之类的约束。所以，这种硬性规定只是治标不治本的办法，不能长久实施。

在卫生局有一个年轻人，他一直在思考，我们的根本目的就是要让广大民众们能把手里的垃圾按照垃圾分类丢进垃圾桶里，那么与其想着怎么从外部强迫他们去按照死的规则来做，倒不如从他们自己内部来让自己遵守规则。但是，怎么样才能让他们心甘情愿地把垃圾按照分类好好放进垃圾桶里呢？这个年轻人眼睛"骨碌"一转，想到了一个好办法。首先，他让城市的工程师设计了一套程序，以及一个启动程序的开关装置，这种装置的启动条件只要是非常轻微的一个震动，就能让它开始工作；其次，将这套程序用电子技术安装在城市里的每一个垃圾桶上，只要有垃圾扔进来，就会触动这个装置；最后，这个装置是一个录音设备，它在储存器里面储存的都是最新鲜的笑话，一旦经受了轻微的震动，它就会开始大声播放笑话。

这个看似搞笑的招数一经试用，立刻引起了荷兰民众的轰动，几乎所有平日里不爱搭理垃圾桶的人都开始主动把垃圾往垃圾桶里扔了，然后大家都期待着垃圾桶讲笑话这种奇闻异事。随着这项措施在荷兰全境都取得了广泛效果，年轻人又做出了进一步的改进方案：将垃圾桶内的笑话储存器以无线网络的形式与电脑连接，定时更新笑话，保证让热衷于遵守卫生制度的公民们享受到最新的笑话。同时，将垃圾的分类和笑话的分类错开，让按照分类丢垃圾的人享受不同类型的笑话。这种更加亲民的垃圾桶设置再次获得广大群众的好评，让荷兰全国的卫生指标直线上升，该卫生局的职员也获得了由荷兰政府颁发的创意大奖。

有一家国际知名的销售公司，现在他们招聘一个销售员，这次有二两个面试者通过了重重考验，以及数道难关，终于到了最后一关——"实战推销"，人事部的负责人给他们二人安排了一个共同的任务，用两个月的时间，把上好的木梳卖给庙里的和尚。这个看似几乎不可能完成的任务将这两个年轻人给难住了，但是他们没有就这样放弃，通过不懈的努力，在两个月以后，两人共同回到了公司，交代自己的销售业绩。

第一个年轻人小王垂头丧气地递交了自己的销售记录，他在这两个月里，总共只卖出了十把木梳，这还是他拼命跑了上百个寺庙的结果，基本上每个寺庙都拒绝了他这个可笑的要求，哪里会有用木梳梳头的和尚呢？只有极个别的寺庙看到他的木梳便宜，才买了十把。第二个年轻人小张对面试官说："这是我的销售记录，请看。"第二个年轻人卖出了整整一千把木梳。这个销售成绩令前一个竞争者和面试官都大吃一惊，他是怎么把木梳卖给光头的和尚的呢？原来，他并没有一开始就急着去卖木梳，而是冷静的思考了将要如何去销售这些木梳，他想，虽然面试官的考题是要把木梳卖给寺庙里的和尚们，但是和尚又怎么会用木梳呢？木梳的唯一价值就是梳头，但是和尚又怎么会利用这种自己不需要的价值呢？

突然，小张想到了，所谓"卖木梳给和尚"只是一种"销售要求"，而不是一种"销售目标"，也就是说，我只要把木梳卖给和尚就行了，根本不用考虑和尚们到底用不用它来梳头。想到这里，小张一下子就来了灵感，第二天，他带着木梳就前往附近最著名的一家寺庙了。

寺庙的主持听说了小张的来意，表示本寺里的和尚的确没有对木梳的需求，小张对主持解释道；"凡是来本寺庙里拜佛敬香的人，都是有着一颗善心的，而且就我所见，贵寺的香油钱收到的也不少，既然人家有这种诚意，那么咱们佛家不也应该给香客们回敬一些礼物吗？这些木梳就可以通过沾染佛家檀香，然后成为贵寺对虔诚的香客们贡献的回礼，这个就可以命名为'积善梳'，本身木梳的材质也属于上乘，也很符合虔诚香客们的身份嘛。"主持觉得有道理，而且还可以令本寺庙的游客有所期待，提高旅游的客流量，可谓一举两得。于是，寺庙主持一口气就批量购买了小张一千把木梳，小张也因此大赚了一笔，令小张顺利夺得了这个销售公司的销售员职位。

在青少年思想最为活跃的中学时代里，能够积极开动脑筋去想象固然是好事，但更重要的是，要知道如何去想象。发散思维作为一种科学的想象方式，要时刻与现实相联系，才能保证想象力的正确发挥。

（1）要注重观察周边的事物，对于需要进行创造的事物尤其如此，要亲自去创造，则必须要亲自去观察。

（2）一定要遵循实际，不可脱离现实而擅自想象，要知道，万丈高楼平地起，没有根基的想象是形成不了创造力的。

（3）坚持开动脑筋，即使未必能生成什么惊世骇俗的伟大造物，培养发散思维和变换思维，都将有利于我们的生活与学习，具备了想象力的思维本身就是一种伟大，在适当的时候，它自然会成为我们最关键的助力。

第六辑

颠倒亦是创造

颠倒顺序
颠倒位置
颠倒结构

颠倒顺序

很多时候，我们都认为，一个成功的创造必然是经过了很多的思考过程才能顺利得出来的，这种思考过程往往都是具备一定的指向性的，有的人在思考时始终坚持勇往直前，始终向着前方去想问题，一直考虑创造性的下一步将要怎么办，同时做好万全的准备，这就是我们常说的"前瞻性思维"；还有部分人的思考方式是回忆性的思考，比如说，在进行该步骤前，回想之前的构思以及其细节，通过回想细节来保证自己设计创造时不会出现误差，这种往回思考的方式一般被称为"回溯思维"。这一前一后的创造性思维基本上就可以概括了世界上所有人的想象思维了，但其实还存在着一种特殊的思维方式，它通过颠倒事物的顺序、结构以及位置，来达到改变事物本质的目的，从而创造出一种全新的事物。这种依靠颠倒事物原型的思考方式就是"颠倒思维"。

元顺帝是古代中国元朝时期的最后一个皇帝，他生平专横跋扈，而且抱有严重的种族歧视思想，在他的统治时期，将各族人民分为了三六九等，很多人因此受到极其不公的迫害。有一天，元顺帝正在宫中批改奏章，已经是深夜，元顺帝累得直打哈欠，突然，他翻开一道奏章，勃然大怒，奏章上奏报称元朝境内的一次科举考试中，很多的考生交上来的考卷上，全部都是对元顺帝种族主义的严正抗议和驳斥。原来，因为不满元朝的蒙古统治者对汉民族及其他民族的残酷压榨，各个不同民族的考生约定，在考场考试时，集体以交卷的形式，上书当时的元顺帝表达对他发布的政策的抗议，元顺帝观看完奏章后大怒，心里想："你们这帮迂腐的书生，居然还敢向身为天子的朕表达愤怒？"当即就想下令将这些考生全部抓起来，格杀勿论。但是如果直接下令杀光他们，恐怕又会遭人话柄，会令天下人认为自己是一个喜欢滥杀无辜的残暴皇帝。于是，煞有介事的在诏书上写下了"虽情有可原，罪无可恕"的最后命令，然后发布出去。

正巧，负责传令的传令官是个民族主义很强的汉人，他眼看这个无道昏君又要残杀读书人，便想方设法地希望能够营救他们。可是，这是当今皇帝的诏书，绝对不能不送达。虽然自己身为传令官，但是皇帝的这封诏书已经写好了，自己又怎么能在已经完成的诏书上胡乱更改呢？更何况处置考生们的官员也并不是傻子，倘若看到了一份字迹都被更改过的诏书，必然会生出疑心，然后再去向皇帝问清意愿。到那时候，别说救不了那群书生，恐怕就连身为传令官的自己，也要身陷囹圄，自身难保了。

在驱车前往考场的路上，传令官想明白了，唯一的办法只有一条，那就是更改帝诏。他打开了皇帝诏书，希望能在这短短的几个时辰路途上找到解救考生们的方法。他从每一个字眼儿里观察，无奈地发现，元顺帝虽然人品不佳，暴虐无道，但是诏书上的用词水平真可谓是炉火纯青，就连他堂堂传令官都不得不佩服元顺帝在下诏方面的才能，整个诏书洋洋洒洒上百个字，他竟然挑不出一个病句或者歧义字，尤其是最后那一句；"虽情有可原，罪无可恕"，这更是直接对考生们宣判了死刑，这要他区区一个传令官怎么去更改呢？他发愁地盯着最后这句话，思索着如何才能将这话换个意思说，突然，他发现"虽"这个字，这个字明显是代表着转折的意味，但是它已经被元顺帝用来表达"虽然可以理解，但还是要杀"的意思了，要怎么把这两者颠倒过来呢？传令官的脑子里一个激灵，"有了！"他用一只毛笔轻轻地勾勒出一条倒着的"S"形状符号，这也就是一直被后世所沿用的"反向颠倒"号，当传令官将皇帝的诏书传达到处理考生的官员手上时，官员看到的诏书最后一句写着的就是"虽罪无可恕，情有可原"，意义就被更改为了"虽然这帮考生辱骂皇帝、批评朝政，但是也是可以理解的"，于是，官员误判了皇帝的意思，将这些考生全都放了。传令官的轻轻一笔勾勒，就换来了数十条宝贵的士子性命，可以说是"颠倒乾坤，功德无量"。

说到颠倒顺序这方面，早在春秋战国时期的著名兵法家孙膑就已经使用过了。孙膑在魏国被人陷害，只身一人逃到了齐国，被齐国的好朋友田忌所收留，他对田忌的关心十分感激，想要在一个重要的场合施展自己的才能来帮助田忌，同时也要让自己的军事才华得以显露。

终于，机会来了。齐国位于战国时期七国的偏北边，拥有广阔的草原和平原，十分有利于培养战马，而齐国的诸多良将和贵族也非常喜欢进行赛马，通过赛马，来检测战马们的速度，同时还可以通过下赌注来赢取丰厚的奖金，可谓一举两得。这次，作为齐国大将的田忌直接和当时的齐国国君齐威王约定要进行一场大型的赛马活动，所有的齐国将领和名门贵族都会到来。这是一个千载难逢的好机会。

赛马比赛是由三局两胜的赛制来确定最后的输赢，一开始，孙膑就帮田忌挑选好了他最好的三匹马，但是，根据比赛的规则，马也要分成上、中、下三个等级，否则，以某一家最强的三匹马决胜负对于其他的养马人是不公平的。所以，每人都有自己的上等马、中等马以及下等马。

比赛开始了，由于田忌也是齐国的一个名门望族，他麾下的战马数不胜数，质量也都属上乘。所以，比赛场上田忌一路高歌猛进，未逢敌手，一直赢到了齐威王帐下。齐威王一看田忌家的战马如此雄壮，顿时心头大快，连连称赞，于是宣布自己也要参与赛马。众位大臣贵族面面相觑，早就听闻齐国国君齐威王私藏的战马可谓是战国中最强的马匹，田忌将军虽然战马雄壮，但是能否和国君的战马一分高下呢？

果然，齐威王所养的战马几乎打赢了田忌所有的战马，不论是上等、中等或者下等，都将田忌的战马甩开了一大截，让田忌非常尴尬，于是提出换马的请求，齐威王欣然应允，结果不料田忌再次派上阵来的战马还是输于齐威王的马下。齐威王哈哈大笑，对田忌说："寡人可以再给你一次机会，去挑选合适的战马吧，待会儿寡人与卿一决雌雄！"

田忌垂头丧气地回到本部大帐，孙膑问清了情况后，便向田忌询问："请问将军，不同等级的马可否在一起比赛？"田忌说："可以是可以，但是齐威王家的马实在是太快了……"话还没说完，孙膑就列出了一个比赛的名单，田忌连忙接过来一看，顿时就像被霜打了的茄子："这不还是我们第一场与齐威王比赛的马吗？我们已经输过了。"孙膑则信心满满："将军请放心去比赛吧，孙膑在此担保，将军的战马良驹一定能够马到功成！"

田忌将信将疑地把这个出场的比赛名单顺序交给了牵马人，第一场比赛开始了，齐威王派出了自己的上等马，而田忌家则派出了下等马，这场比赛输的毫无悬念，田忌更加郁闷了，这不是自己丢自己的脸吗？很快，第二场开始了，齐威王派出了自己的中等马，而田忌家派出了自家的上等马。虽然齐威王家的中等马也实属上乘，但终属中等，比上等马还是不如的，这场比赛田忌扳回一局，田忌渐渐有了希望。最后一场，齐威王只得派出了自己的下等马，而这时候田忌家派出了中等马，这次依然是依靠着等级的优势，赢下了这一局，最终，田忌家以两胜一负的战绩战胜了齐威王的马，所有人都目瞪口呆，没想到仅仅是凭借着调整了马出场的顺序，就赢得了最后的胜利。田忌更是喜上眉梢，齐威王在询问他战胜的方法时，他毫不犹豫地向齐威王引荐了幕后的功臣孙膑，齐威王大吃一惊，没有想到国内竟然还有一位如此足智多谋的人才，立刻下令重用孙膑。至此，孙膑通过简单的颠倒顺序，既报答了田忌对自己的收容和尊重，也让自己获得了赏识与权力。

其实，除开直接调换事物本身的顺序之外，还可以通过调换人物所做事情的先后顺序，来变更人物内心的想法，从而创造一种新的内心体验或者想法，这方面，我们应该学习亚当斯的做法。

在很早时期的北美殖民地，有一个农夫叫做亚当斯，他有一个儿子名叫约翰。他从小就很聪明，父亲亚当斯看出了约翰是个可造之材，于是经常督促他学习知识。一开始，小约翰很努力地学习，但是随着年龄的增长，小约翰也要开始为家里做农活了，每天，小约翰白天在农场里给父母帮忙，晚上还要点着蜡烛学习各种知识。长久之后，小约翰厌倦了这样的生活，同时他也很羡慕其他的小朋友可以放心的玩，而且外界的诱惑也开始增多，小约翰开始变得贪玩，而且老是抱怨学习太累了，每天都要面对着无聊的书本和枯燥的各种单词、语法、公式等知识。直到后来，他找到了亚当斯，向爸爸抱怨道："爸爸，你知道吗，你每天给我安排的学习任务实在太重了，而且又很无聊。"

"那么，孩子，"父亲亚当斯问，"你觉得我们到底该怎么样安排，你才觉得不无聊呢？"

"你看，我们现在都在农场里，你可以只做农活，而我做完了农活，回家之后还要点着灯去学习，我比你更累。"小约翰愤愤不平地说。

亚当斯突然想到，孩子白天在农场里劳作，的确是非常辛苦的事情，晚上回来还要让他面对繁重的学习，的确是容易令人感到疲惫，可是现在是农忙季节，家里又不能没有了小约翰提供的劳动力，这样该怎么办呢？亚当斯苦苦思索着，关键要在于扭转孩子"学习很累"的这个观念，突然，父亲狡黠地笑了："既然这样，好的，约翰，你明天白天学习吧，等到傍晚再去农田里帮我的忙！"小约翰欣然答应。

于是，约翰从之前的白天劳动，晚上学习调转了过来，他在白天里能够安安心心地呆在家里学习知识，而傍晚时分才出去接替父亲的农活，就这样，本来极度厌学的小约翰通过颠倒了学习与劳动的时间，让自己的学习变得更有效率了。更重要的是，白天的学习让他能够更加认真了，不会再出现之前那样因为白天过度疲劳而导致的夜晚学习低效了。这也让亚当斯很欣慰，自己的农活也没有少做，而自己儿子的学习也没有落下。到后来，这位"小约翰"成为了这片北美殖民地的独立运动的引导者，然后成立了美利坚合众国,而他也成为了美国的第二任总统——约翰·亚当斯。

　　思考虽然要有逻辑性,但是逻辑性本身也是不可捉摸的,它是一个抽象化的存在,人们不能掌握它的原因,多半是因为想用一种固定且僵化的思维去模仿它,企图利用某一种模式去掌握逻辑性,虽然逻辑性是可以培养的,但是它不能被人们准确地捕捉,否则也就失去了它的魅力。逻辑上的"颠倒顺序"则是这种思维最杰出的表现之一,它通过突然的反转思考,让本来陷入了死胡同的思维瞬间就能找到全新的出口,就仿佛一个在思想的荒漠中迷失了方向的人,突然发现了一片真实之水,而他让这片水生出了绿色的植物与生命。这样新奇而伟大的发现,足以创造一个崭新的绿洲。

颠倒位置

很多时候，我们总想着如何让想象力顺着我们的思维去发展，但是往往世间是不会有那么一帆风顺的事情，就算能够按照自己的思维，像拍摄电影那样，一帧一帧地剪辑、拼接，直至最后完成整部影片，我们也很难保证，如此不经历质疑、波折与实验的想象力造物，能否经受住残酷的现实所带来的考验。

想象与创造，它之所以有趣，正是在于它那令人琢磨不透的内在，同时始终保持着新鲜感与一波三折，如果没有了这些想象上的挫折和起伏，恐怕丧失的不仅仅只是思考的趣味，同时也会丧失掉创造的实用性。而"颠倒思维"作为最具趣味性和挑战性的思考方式，尤其注重于想象时将事物的各个方面翻转过来，看看能不能依然实现自己创造的初衷，而作为"颠倒思维"的方式之一，"颠倒事物中所处的位置"也经常能够帮上我们大忙。

曾经在一个天主教教堂里，一个德国人与一个美国人发生了争执，传统又古板的德国人坚持认为，在我们读圣经做礼拜时是不可以抽烟的。而另一个人则坚持认为这完全是可行的，只要语言得当就能办到。

坚持教堂中不能抽烟的德国人表示绝不会接受这种看似荒谬的观点，而且要求美国人和自己一起去找神父问清楚，否则绝不信服。而坚持认为在教堂里可以抽烟的美国人大大咧咧的答应了德国人的要求。于是，二人约好第二天去一家天主教教堂里验证这件事。第二天，美国人和德国人果然都应约前来，他们坐在一个神父的旁边，德国人抢先凑了上去，轻声向神父问道；"您好啊，神父，我有一个问题想要问你。"

"什么事情？尽管问吧，孩子。"神父慈祥地回答德国人。

"请问，我们能在读圣经的时候吸烟吗？哪怕是一支也可以。"德国人小心翼翼地问道。

"什么？"神父显然是被这个看似愚蠢的问题惊呆了，随即十分生气地说："不行！哦，这当然不行，我的孩子，你们怎么能够在阅读圣经的时候做出吸烟这种事情呢？不行！绝对不行！这是对耶稣基督的侮辱！这是对天主教的亵渎！"

看着生气的神父，德国人表示了歉意，回到座位上之后，德国人得意地对坐在自己旁边的美国人说："你就在旁边，你看，你也听见了吧？很明显，问任何一个神职人员'是否能在进行礼拜的时候抽烟'都是不可能被同意的，这是最基本的常识，结果我们已经知道了，怎么样？你肯承认你已经输了吗？"

美国人没有理会德国人的讥讽，他径直地朝刚才的那个神父走过去，德国人心里暗暗发笑，"这个美国的笨蛋，我刚刚才问过那个神父能不能在做礼拜或者读圣经时抽烟，他居然还找同一个人问，这不是等于火上浇油吗？"于是坐直了身子，向前倾听二人的对话，准备看美国人的好戏。

"你好，神父。"美国人礼貌地向神父鞠了一躬。

"你有什么事情？孩子？"神父很明显还没有完全从刚才德国人的问题中平息怒火。

"我有一个问题想要请教您，请您现在就回答我。"美国人心不在焉地说。

"哦？什么问题？你尽管说吧，孩子。"神父疑惑地盯着他。

"请问，当我在吸烟时，我能够在家里虔诚地做礼拜和翻阅圣经吗？"美国人一脸的和颜悦色问道。

"什……什么？哦，您真是一位虔诚的基督教徒啊，先生。"神父的脸上突然焕发光彩，"没有想到您在吸烟时也不会忘记诚心面对耶稣，看来你一定是一个对天主非常忠诚的人，可以，为什么不可以呢？有您这样时时刻刻都把天主挂在心里的好人，我们感到非常荣幸。"

德国人在旁边听得目瞪口呆，这还是刚才那个满脸愤怒的神父吗？原来，美国人利用之前德国人激怒神父的语句，让神父形成了"做礼拜、看圣经时不能做其他事情"的这种思维，这时候再突然出现，提出了"能否在吸烟时做'其他的事情'？"其实，这个时候只是稍稍调换了一下"吸烟"与"做礼拜"的顺序，就混淆了前一句话与现在所说的话的原意，本来神父还是能够听出端倪的，但是由于德国人之前的问题，让美国人的这个问题显得高尚了许多，也难怪神父这一下子脑筋完全偏向于美国人了。于是，美国人仅仅只靠颠倒了一下原句中重点词语的位置，就轻松赢得了这场赌局。

文科生李晓峰和理科生张浩是一对好朋友，两人经常互相到对方家里玩，有时候还在对方家里吃住。到两人都长大之后，有一个暑假，李晓峰的父母暂时将李晓峰留在了家里，自己跑出去旅游了。李晓峰因为一个人呆在家里，百无聊赖，索性天天往张浩家里跑，还经常和张浩同吃同住，完全将张浩家当作了自己家里一样。

起初张浩并没有在意，反正都是从小玩到大的好朋友，以前两人也经常这样互相去对方家里住过。但是，随着暑假一天天的过去，李晓峰似乎完全没有要回去自己家里的样子。张浩的心里真犯嘀咕："你这还真是不拿自己当外人儿啊。"时间久了，张浩的父母也开始在背地里叫张浩最好还是尽快把李晓峰支走，长期把别人留在自己家过日子恐怕也不妥。在诸方的压力下，张浩向朋友李晓峰暗示了很多次，但还是不奏效，李晓峰依然充耳不闻，擅自留在张浩的家里，这下张浩没办法了，出于好朋友的面子上，他一直没有明说。后来，直到一天下着大雨，张浩突然想到该怎么办了，他拿出了一张纸，然后用笔在纸上写了一句话，然后放在了李晓峰的房间桌面上，希望李晓峰看到这句话之后，自觉的离开。这张纸上写了什么话呢？

"下雨天留客，天留，我不留！"

这句话的口气已经很明确了，而且李晓峰也是个聪明人，相信他在自己语气这么明显的情况下，一定会知难而退，回到自己家里去。张浩看到李晓峰走进房间后，舒了一口气，心想总算这件事可以告一段落了。

结果，晚饭时分，李晓峰还是像往常一样，坐上了餐桌，张浩和父母大眼瞪小眼，觉得这个孩子怎么这么不懂事呢？不是已经写得这么明显了吗？难道还需要自己再提醒提醒？于是，张浩凑过身子，对李晓峰小声说："晓峰，我写了张纸条留在桌子上，你没看见吗？"

"啊？你说的纸上的一句话吗？我看见了，怎么啦？"李晓峰自在地夹了一块儿肉，漫不经心的问道。

"那么，你怎么还不明白我们的意思呢？"张浩有点不耐烦的说。

"你说的是这句话吗？我理解了呀。你看，我这不是很自觉地坐下来吃东西了吗？"李晓峰笑嘻嘻地拿出那张纸，在张浩和家人面前晃了晃。

张浩一看，的确就是自己的那句话，刚想说："看到了你还不……"就愣住了，张浩的父母一看，也愣了。原来，这句话是张浩用铅笔写上去的，上面用来作为间隔断句的逗号被李晓峰用橡皮擦擦掉之后，调换了位置，重新写了上去，于是全句话变成了：

"下雨天，留客天，留我不？留！"

张浩和父母目瞪口呆，原来，李晓峰这样轻轻一改，原句就完全改变了原有的意思，本来是委婉的逐客令，结果反倒成了一句热心的邀请函，这令张浩家哭笑不得，正当他们垂头丧气表示认栽时，李晓峰放下了手中的碗筷，站了起来；"叔叔、阿姨、张浩，这些天一直在你们家里，实在是给你们添麻烦了，一直都只吃用你们的东西，我之前太随意了，以为好朋友不会介意，其实，我错了，再好的友谊，也要知道分寸的，刚才我看到了那张字条，其实很羞愧，不过调整了标点符号的位置纯属逗你们玩儿呢，在此，我向你们道歉。"言罢，还向他们鞠了一躬。由于晓峰的积极态度和聪明才智，张浩和父母不仅原谅了他，还让他有空可以再来张浩家玩儿，互相沟通，互相进步。

"颠倒位置"这种思维不单只是在事物上颠倒，还有更加奇妙的用法，那就是颠倒人与人之间的"位置"，即"心理位置"。当我们可以互相颠倒我们与他人的心理位置时，就可以更加全面的看待自己所面临的问题，从而生出创新性极强的方法。

在二战的后期，欧洲战局基本上已经逐渐稳定，德国法西斯势力节节败退，纳粹军队已经龟缩至他们最后的大本营——柏林城区里去了。此时，红军将领朱可夫立刻率领红军战士们乘机一路猛攻，一直打到了柏林城下，而面对红军的猛烈攻势，纳粹军队也没有放弃武装力量上的疯狂反扑，仍然依靠着柏林城极深的巷道以及高墙城防等设施，进行负隅顽抗。一时间战局僵持不下。作为指挥官的朱可夫很着急，因为红军这次一路攻到柏林城下，已经差不多弹尽粮绝了，而且孤军深入，如果在短时间内还是不能攻破柏林的德军防线，恐怕会让敌人在城内不断得到力量补充，自己这边则孤立无援，久而久之，敌强我弱，很有可能被反扑力量一次性消灭掉。于是，为了避免这种糟糕的结果，朱可夫召集将领们紧急开会，要求一定要制订出尽快解决战斗的方案。每个指战员都绞尽脑汁去想破敌之策，却都对柏林攻坚战的情况摸不清头脑。突然，一个指战员随口说道："唉，如果是我，我就在炮塔楼上举白旗投降算了。"朱可夫灵光一闪，大声说道："同志们，如果现在你们是守城方，请问，你们该如何做？"各个指战员向来都是思考该"如何破敌"，这"如何助敌"还是第一次，于是纷纷各抒己见，各种非常正确的守城方法都被提了出来，朱可夫大为惊异，没有想到这种"拟敌思维"如此有效，仅仅半个小时，他就收集到了"化身"德军的同志们上十条防御方法，接下来，朱可夫与指战员们对自己提出的柏林防御策略进行解决办法，到最后，他们制订出了所有相应的攻击对策，终于成功攻破了德国法西斯的最后一道防线，进入到了柏林城内部。

"颠倒位置"这种思维方式，是不拘泥于形式的，它要颠倒的不只是事物的本质和方位，还可以颠倒思考者的自我认知，同时可以与思考对象易地而处，这就是我们通常所说的"换位思考"，通过不同方面的思考，来获取不一样的信息，从而让创造的智慧与改变了位置的事物擦出火花。

颠倒结构

很多人都认为，就算是"颠倒思维"，也要按照一定的规则来进行颠倒，因为事物的某些特定属性是不可更改的，这话的原意的确是没有错。但是，很多人却因此束缚了自己想象的空间，因为他们把"不能改变事物的属性"当作了"不能改变事物"，于是，很多的发明创造由于对事物的原貌保持着固执的一成不变，而丧失了更新换代的最好时机。我们要意识到，有些时候，创造需要的不是完全不变的事物，只要它本身的作用和属性不变，本质上是可以进行更改的，也许，经过本质上的更改，可以生成更伟大的发明也说不定。

中国明朝的开国皇帝朱元璋在小时非常贫穷，曾经还不得不混入一家财主的厨房里工作，那时候的朱元璋还只是个孩子，自然不能干重活，厨房里的老伙计们只让他拿些食材和端盘送碗而已。直到有一天，财主家里举办大型晚宴，厨房里忙的不可开交，尤其是晚宴上最重要的一道菜——长寿羹，这是专门由一个特大号的碗来装盛的羹，需要非常多的调味品按照严格的顺序来蒸煮，任何一环都不能弄错，通过这样严格的蒸煮顺序，才能得到正确的长寿羹，财主为了延年益寿，还专门买了大量珍贵的配料和煮羹用的食材，虽然谁也没吃过，但既然效果如此神奇，财主家又如此重视，在厨房里工作的每个伙计都不敢怠慢，朱元璋也不例外。

终于，到了上长寿羹的时刻了，这时候厨房吩咐朱元璋赶紧去取来煮熟的食材，朱元璋急急忙忙地从火烧房里拿来了这些材料，本来是按照顺序放好了的食材，结果朱元璋手忙脚乱地一通乱放，最后负责按照比例结构加入羹里的大厨也分不清哪个是那个了。大家面面相觑，心想这下朱元璋可闯大祸了，破坏了大家辛辛苦苦准备了这么久的长寿羹，纷纷躲到了屋外去，看朱元璋怎么收拾这残局。

朱元璋挠了挠脑袋，心里想，既然食材都已经煮熟了，而且闻着这些味道，都是极好的材料，为什么要浪费呢？与其还得按照什么顺序、按照什么比例放置多少，倒不如一口气全都加进羹里算了。于是，朱元璋把这些自己也不认得的食材统统一口气倒进了煮熟了的羹里，然后端上了宴席。

出乎所有人的意料，这碗被朱元璋放进了所有食材的、仿佛"大杂烩"似的羹，居然让宴会上的每个人都赞不绝口，羹里的食材香味迸发，而且互相吸收了另外食材的长处，非常的好喝，大家连忙问财主这是什么食材做的。财主骄傲地说挺起胸膛；"这就是我们家特制的长寿羹，里面加了红枣、当归、玉米、粟米、黄豆、黑米等等各种名贵食材，大家尽情的享用吧！"众人交口称赞，朱元璋从此记住了这些材料，直到后来，朱元璋成为了明太祖，还记得这碗被自己打乱了结构的"长寿羹"，他在腊八的时节赏赐满朝文武此羹，流传到了民间，从此，用这种不同材料汇聚而成的羹就被老百姓称为"腊八粥"，而"腊八粥"的习俗也一直流传至今。

从前在美国福罗里达州有一个年轻画家叫海曼，他画画时总是因为画到一半要修改，不得不停下手头的画作，开始找橡皮擦，也许是因为海曼的记忆力不太好，每次他都得大费周章地寻找一番，直到后来，海曼实在是受够了每天寻找橡皮擦的日子，他索性一改常态，取出原本一直放在铅笔下方的橡皮擦，赌气一般地将它放在铅笔上端，结果用了一会儿，橡皮擦没有经受住铅笔的倾斜，又掉了下来。这下海曼的倔强脾气上来了，他索性也不画画了，专门趴在桌子上研究如何能够把常年用于笔下的橡皮擦弄到铅笔上端。后来，海曼用一卷细细的立体圆圈，就像一个小小的圆柱体，然后把橡皮擦按照铅笔上端圆柱的体积和大小切成了一小块，塞进了空心的小圆柱里，这下，不会掉落的橡皮擦与铅笔成功的合二为一了。不久，美国的一个投资公司斥巨资买下了这个创造性的专利，海曼也获得了巨大的荣誉和财富，该公司不仅大量生产出了这种带有橡皮的铅笔，而且为了推广，让它在亚洲、欧洲大量低价销售，这就是我们现今还在使用的方便涂擦的"海曼式铅笔"。

民国早年间，爱国将领张学良的父亲张作霖是东北地区的实际统治者，人称"东北王"，虽然张作霖在小时候没有念过多少书，而且在上台掌权后，也做过不少荒唐事，充满了草莽气息，但始终坚定着保家卫国的爱国情怀。日本对中国东北觊觎已久，曾经多次邀请张作霖去参加日本在东北举行的宴会。张作霖也不便拒绝，只好偶尔前去。有一次，在张作霖喝酒喝多了之后，有一个日本人想让张作霖因酒失态，就上前邀请张作霖书写一字来赠送给自己，张作霖想都没想，就喝令手下准备文房四宝，然后当着在场所有人的面，写下了一个"虎"字，这个"虎"字写得行云流水，简直可谓是虎虎生威。令所有人心悦诚服，日本人不服气，希望张作霖题上自己的名字，张作霖佯装自己已经喝醉了，歪歪扭扭地写上了"张作霖手黑"五个大字，当作落款。日本人顿时纷纷哈哈大笑，原来，一个人落款自己的作品时，一般都会写上"某某手墨"来证明这是自己的书法或国画作品。而张作霖写的"手黑"二字，却在结构上少了"墨"字下方的那一个"土"字，很明显是一个错别字。正当日本人们得意洋洋地看着张作霖出了个大洋相时，张作霖大声吼道："你们这帮小日本，懂个屁！这幅字是送给你们日本人的，你们以为我读书少，就不知道'手墨'的'墨'字底下还有一个'土'字吗？我告诉你们，我张作霖送给你们日本人的东西里，一个'土'字也不会给，这就叫做'寸土不让'！"在场的所有中国人无一不为这位看似粗鄙的"张大帅"鼓掌喝彩，没有一个人想到，张作霖竟然会用字与字之间的上下结构来表达自己"寸土不让"的家国情怀，由此感叹他如此粗中有细，英雄气概。

在"颠倒结构"的概念里，我们要注意不让自己落入到"一成不变"的圈子里，钻牛尖角的思维方式是想象力的大忌，对于需要进行创新和改善的事物，我们就应该大刀阔斧地进行改造，只要保留事物或者思想里最重要、最精髓的部分，其他的繁杂和累赘，我们都可以通过"颠倒思维"来让其消失，或者变成创造新事物的助力。对于不能以常规思维解决的创造性问题，只要我们能做到"见山是山，见山不是山，见山还是山"的境界，那么离创新成功的时刻，也就指日可待了。

第七辑

创造中的类比思维与联想思维

类比思维

联想思维

类比思维

　　很多时候，"思考"是一件独立的事情，它完全依赖于思想者自身的智慧和观察力，才能构成属于自己独特的思维方法。"类比思维"就是一种个人化思维风格非常明显的思考模式，要了解什么是"类比思维"，那么我们首先要了解什么是"类比"，类比的科学定义是：对两个对象进行分析，通过这两者中共同拥有的某一种或多种相似的性质和现象，来进行其中一方的构造或说明。简单的说，就是将两种相似但是不同的事物进行比较，通过两者的相似之处，来得出全新的事物。而这种"类比思维"往往就是人类能够进行创新性活动的法宝，因为这世界上相似的东西实在是太多了，通过"相似"而得出"相仿"，最后就可以成为"相别"的创造物了。

在美国，一家机械企业生产出了一种能够加快农业生产的农业收割机，虽然这种农业收割机效果非常显著，而且美国的很多农场主们都表现出了购买的欲望，但是由于这种机器的成本和造价非常贵，所以定出的售卖价格也很高，这就使得原本想要购买它的农场主们纷纷望而却步，再加上当时的农业机械化生产的思想还没有像现在这样深入人心，大家认为虽然这个铁疙瘩好是好，但是这么高的价格实在是划不来，所以都保持着观望态度。

企业的负责人梅考克为此非常着急，因为这批农业收割机是自己花费了大量的心血四处借钱才得以生产出来的，企业为此还在外面负债累累，原本想着这么新奇而且好用的农业生产工具，肯定能够很快引起农民们的注意和青睐，可以一抢而光的，结果没想到因为定价太高而受到农场主们的集体冷遇。眼看着自己要交还的资金债务日期快到了，而企业里的这些农业机器却依然无人问津，这可让他如何是好呢？

梅考克也想过，通过降价来促销这批机器，但是综合了自己付出的成本和这些高科技的农业生产机器本身的价值，原先的价格已经是最适合的价格了，再往下降低就有可能会令自己亏本了，所以必须要按照原价来出售。这下梅考克没辙了，他心烦意乱地走在去公司的路上，希望能说服其他销售人员再尽一把力，尽量往外推销个一两台也好。正当他走过街边时，一群孩子们的交易吸引了他的目光。

"嗨，你们大家快来看啊，我这儿有一批新到的糖果！"一个小男孩儿骄傲地挥舞着自己手中攥着的一大把糖果。其他的孩子们纷纷围了过来："你从哪儿搞到这些糖的，乔治？""乔治，这些糖果我们怎么没见过？是新出的吗？""能先给我们尝尝味道吗，乔治？"小伙伴们七嘴八舌地围着乔治问道。

"那可不行，这些糖果可是我好不容易从家里带出来的。"叫乔治的小孩撅起嘴来，"如果你们真的想吃的话，那就拿出钱来买吧！"

小伙伴们你望望我，我望望你，然后问道："那也行，可是，乔治，你这些好吃的糖果打算卖多少钱呢？"

"每颗一美元。"乔治得意的说。

梅考克听到这里不禁哑然失笑，一美元来买一颗糖？这几乎等于是敲诈，实在是太贵了，没有人会去买的，只有不懂事的小孩子们才会上当。果不其然，其他的孩子听到了价格纷纷咋舌；"你在开玩笑吗？乔治！""一美元一颗糖？这也太贵了！""我们没有那么多的钱。"

看到周围的小朋友们都付不出来一美元这样的"高价"，乔治也犯了难，虽然自己有着这么多新奇的糖果，可是卖不出去，这也不等于砸在自己手里了吗？于是，乔治狠了狠心，咬牙说道；"好吧，你们这帮穷小子，我就当作是做善事，现在，我手里的每一颗糖只要30美分。"孩子们听到这个好消息顿时欢呼雀跃，"我还没有说完呢！"乔治皱着眉头说，"30美分只是你们一开始给我的钱，你们可以先拿走我的糖果，然后下次我们见面时，你们可以再给我 30 美分，直到你们把这一美元给我凑齐了，我们之间才算两清！"大家回过身去嘀嘀咕咕了一阵子，抱怨乔治还是等于收了他们每个人一美元的钱，但是对于新糖果的渴望，让他们暂时同意了这个条件，有个领头的孩子对乔治说道："哦，那看起来似乎没有别的办法了，好吧，乔治，我们答应你，这次我们就每个人先给你 30 美分，等到下次和下下次再给你剩下的钱。"于是，孩子们都掏出了自己那点可怜的积蓄，从乔治手中暂时以 30 美分的价格买到了自己想要的糖果，接着和乔治约定好了下次见面的时间，便一哄而散。

梅考克看到了这个看似笑话的小小交易，突然脑子里一道灵光闪过，为什么不能效仿这些孩子们做的交易呢？为什么非要现在一次性收回一台机器的全额款项呢？这样按照"一次性卖出，长期性收回资金"的交易方式也未尝不可啊。想到这个好办法的他立刻兴奋地奔赴企业总部，找到所有的相关人员和销售负责人，向他们传达了这样一种理念；先把农业机械的价格维持不变，然后分成相同的等分，可以按照月份来分，然后再以月份的低价卖给农场主们，这样他们就不会因为一开始的高价而感到昂贵了。接下来只要按照月份回收剩余下来的价格金额，就能够赚到原有的价格了。这种先以低价卖出，再按照固定的时间返还剩余价格的购买方式，就是我们现今仍然在使用的"分期付款"，这种付款方式让许多一次性购买能力不足的人能够买得起自己想要的昂贵商品，再以每月或者其他时间返还金额，让买卖双方实现双赢局面。通过这个办法，梅考克的农业收割机再次进入市场，看到之前还高不可攀的高价机械一下子变得这么便宜，这些机器就立刻被之前就表示需要的农场主们给一抢而空了，然后立下了买卖双方的合同字据，规定每月返还的金额，然后双方都签上了名字。这种有利于双方的交易形式让梅考克瞬间成为了百万富翁，而且他的企业也一跃成为了国际巨企，梅考克本人更是被人们誉为"企业全才"。

善于类比思考的人，往往也是善于观察生活的人，只有通过细心观察自己身边的人和事，才能及时发现值得类比的事物，才会从中汲取想象力，然后创造出相似又不相同的绝佳创意。

春秋战国时期的工匠大师鲁班便是这样一个善于观察的人，有一次，鲁国的贵族给鲁国的国君进贡了一批非常珍贵的香樟木，国君非常高兴，于是便下令鲁班将这些香樟木加工成宫殿的柱子，鲁班领命开工，然而，负责锯木的工人却看错了锯木的尺寸，将香樟木全都锯短了整整三尺。鲁班在验收时才发现竟然出现了这么大的纰漏，顿时慌了神。要知道，这批香樟木可是百年难得一见的珍贵木材，在鲁国全境也未必能找得到，即使找到了，也很难再有像这一批大小和宽度正好适合做宫殿柱子的香樟木了。

经过鲁班连夜去宫中测量所需的柱子高度，宫殿的顶柱需要整整三丈三尺高，这下可糟糕了，要是说现在才去禀报国君，那也必定是惹得国君大怒，所有负责工程的人统统都要被降罪，如果说再去找进贡的贵族去买，时间上也来不及了，而且香樟树如此名贵，要买恐怕也没有那个财力。这可怎么办呢？鲁班正在家里急的抓耳挠腮，鲁班的妻子却搬了个小板凳放在旁边，鲁班问妻子道："现在我们都急成这个样子了,你搬个凳子来干什么？"妻子笑着说："就算再急再忙，也不能不吃饭吧？你把我们家的米放在那么高的柜子上，我不搬个板凳来，又怎么够得着呢？"说着，用脚踩上板凳，才拿到了柜子高处放置的米袋。

鲁班看着自己的妻子原本又矮又瘦的身板，踩上了凳子竟比自己还高了，顺利的拿下了高处的米，突然，他一跃而起，一把抱过妻子哈哈大笑，妻子被他吓了一跳；"你…你干什么呢？难道你是急疯了？"鲁班笑个不停,好一阵子才停下来,对妻子说："多亏了你啊,我已经想到怎么去补救那短了三尺的香樟木了！"

原来，鲁班通过自己的妻子踩凳子到达更高的地方，想到了自己的香樟木柱子，既然柱子都统一被锯短了三尺，那就在"脚底下"加上三尺嘛，这样不就和原先的三丈三尺一样了吗？说干就干，他召集了身边所有的能工巧匠，将数十个石敦子改成了和香樟木柱子一样的宽度，再挖了一个大口，作为柱子底部的容器，这个石头容器被打造成了长三尺、宽三尺的精美底盘，专门用来放在宫殿的柱子下方，鲁国国君一看，原本只应该有香樟木柱子的底部突然又多了那么一小节精美的石柱，让整根柱子更加牢固，也更加美观了。由此龙颜大悦，重赏了鲁班及其手下，原本一个差点令鲁班罪犯欺君的危机，在类比思维的帮助下，反而巧妙地促成了一次成功的建筑学设计。

要是看到这里，我们就说类比思维是"事物"与"事物"之间的对比，那就大错特错了，虽然在大多数情况下，事物之间的类比是最容易的，但是也不能排除诸多人与人之间思想上的类比。有时候，依据别人已经具备的思想和观点，类比可以形成与之相似但又意义不同的观点，这在辩论中是最常见的反驳手段，同时也是创造了无数经典谈判的智慧源泉。

在 20 世纪 60 年代中期，中国与苏联的关系因为种种原因而变得非常恶劣，中苏不仅在贸易、经济、文化、外交上频频发生冲突，就连军事上也屡次发生危机预警。对此，中国派出谈判专家小组前往莫斯科进行中苏关系的谈判。在这个时局非常紧张的特殊时期，中国的谈判人员不可以表现得太过强势，以免国力强盛的苏联找到借口对中国出兵构成威胁。因此，在许多方面，一直由苏联的谈判专家们掌握着主动权。

终于，谈判进入了重点环节，双方开始讨论两国在国防军事上的相关事宜，在谈到划分双方的国防边界时，苏联方率先对中方发难："依据你们中国古代所布下的国防力量来看，你们最应该把国防线放在长城边缘，因为你们向来都是以长城为重点规划你们的防御工事的。"中方的谈判专家们听到这里不由得惊骇万分，要知道，现在的新中国版图早已大大超过中国古代的版图，长城已经在中国的北方位置存在多年，但是它早就已经不是一条防御工事地带了，它只是单纯的历史文物和旅游观光的景点罢了。而且，苏联专家的这条建议用心相当险恶，他们将历史原因当成借口，想要通过此条建议大大压缩中国国防军事力量的覆盖范围，假如这条建议不能被反驳掉的话，中国在长城以外的国土都将直接面临苏联的军事力量，到那时，国土将不能保障安全，后果不堪设想。

这时候，中方的一位谈判者站了起来，向苏联谈判方问："贵国的意思，我们已经理解了。按照贵方的说法，每个国家是否都应该按照自己国家古代的时候设定的国防工事来设置现在的国防线？"

苏联专家一听他说的话，知道这家伙已经上钩了，连忙点头回答："是的，没错！我们都应该遵守我们的前人所定下的防御范围和防御工事的分布。"

"嗯，既然如此，那我们懂了，但是出于中苏两国互相平等的条件，你们是不是也该遵守这种'遵循前人定下的防御范围'规矩呢？"

"呃，我们想，应该是这样。"苏联的谈判专家们明显感觉到了这个中方代表话中有话，犹豫着点头回答了他的问题。

"哦，那这样太好了，既然我们会依照古代的防御范围，将本国的军事防御撤回到长城线附近，那么贵国在古代时向来都是以首都莫斯科为重点防线的，既然如此，就像你们之前所说的一样，请你们按照前人制定的军事防御范围，将你们的国防军事范围，缩小至莫斯科周边吧！"中方代表淡定地说完后，坐了下来。

苏联谈判方顿时慌了手脚，要是坚持自己的说法，那么莫斯科作为俄罗斯本国历史上最重要的军事防御地带，的确是要让现今的苏联也龟缩至莫斯科附近修筑防线，可是万一真的要这样做，那岂不是等于将广袤的领土全部都暴露在邻国的眼皮子底下吗？莫斯科的地理位置又位于俄罗斯偏北部，到时候哪里出了入侵者或者战乱，莫斯科旁边修建的军事力量也鞭长莫及了。这样一来，岂不是让自己的国土任人宰割吗？"这个……这个嘛……"苏联的专家们各个都憋得面红耳赤，好不容易建立起来的"遵循前人制定的军事防御"理论瞬间被自己给禁锢了，结果，为了不让这种基本不可能实现的理论威胁到自身国防安全，中苏两国还是按照原定的国防军事范围，各自圈定了边界防御线。一场极有可能成为中国国防力量的真空威胁，被一个"以彼之道，还施彼身"的类比思维成功化解了。

类比思维就是这样，通过出其不意的思维模式，让问题迎刃而解。在我们运用类比思维的时候，一定要注意自己平时是否有留心观察过周围的事物，要知道，没有平日里的细心观察，即使我们想要类比，也会因为没有可以类比的思维素材而叫苦不迭。正所谓"不积跬步，无以至千里；不积小流，无以成江海。"想要让自己的类比思维更活跃，就要积极开动眼、手、脑三种功能，去看、去做、去想，这样才能在真正需要类比思维的时候，正确地运用它。

联想思维

　　很多人都容易把"类比"和"联想"这对"双胞胎"给搞混了。的确，这两种思考方式非常相近，而且就连它们的思考路数都十分相似。但是，我们要意识到，即使是真正的双胞胎，也是会存在着些许不同的。比如，类比思维通常是需要有一个与自己需求的创造物相近的事物作为模仿的例子，而联想思维则不需要，与其说是不需要，倒不如说是它所需要的事物用不着与自己需求的创造物相近，所以原则上来说，联想思维比类比思维需要的事物要求更低，但是联想思维对思索者的思维跳跃性要求更高，因为往摆在联想思维者面前的事物只有一个，那就是自己需要达到的结果。这种只求结果的思考方式，是对思索者想象力的极大考验。

　　有一个菜市场，由于附件的居民很多，生意非常好，常年都是门庭若市的营业氛围。这次，又来了一个卖熟食的店家，但是，他发现周围有很多家熟食店，而且开店的时间都比他早很多，自己的菜肴虽说新鲜是新鲜，但是也没有什么特别突出的地方，要如何才能让自己店面受到关注呢？店长坐在垫子上冥思苦想，在想的时候，他开始观察这家菜市场的主流顾客人群，发现绝大多数都是已经下岗退休的中老年人，或者是没有工作的全职太太，他想到，如果能成功吸引住这方面的顾客人群，也就等于抓住了绝大多数的生意。店长越想越兴奋，接下来，店长站了起来，趴在自家的店面柜台上，观察这两类人群买菜的习惯，他发现，这两类人共同的特点有三种：第一，他们通常都很犹豫，站在同一家菜商面前经常都是犹豫了半天，才下定决心掏腰包买下来的；第二，熟食店在这两类人群中格外受欢迎，可见自己的店面对他们也是有吸引力的；第三，他们每次买回去的菜虽然价格比较便宜，但是种类很多，比如买了牛肉还要买菠菜，买了黄瓜则必然会买陈醋。店长觉得这三个信息似乎都存在着一定的联系，这其中会不会有什么可以抓住的机会呢？忽然，他想通了。首先，他们犹豫是因为下岗退休的中老年人和全职太太都是没有工作的人，他们只负责照顾家里，而不负责赚钱，所以必然会货比三家，尽量节俭；其次，他们通常都比较喜欢来熟食店买东西，是因为节省回家后的烹饪成本，能够让家里人更快地吃上饭；最后，他们之所以买多种类的菜，是因为要做成一道菜，单一的食材是不够用的，所以类似牛肉配菠菜是想做成烧牛肉，黄瓜配陈醋是为了做成凉拌黄瓜。总之，这三种特点基本可以归结为：没有经济收入的节俭人群为了方便尽快做菜而进行的食品购物。

这下，店长的联想能力让他知道该如何抓住这类主力客户的心了，他每天开始将自己的熟食直接烹饪好，每天在店门口挂出已经烹饪好了的熟食菜肴，价格定位基本上就是按照烹饪好的熟食综合起来的价格，算是比较实惠。而路过的中老年人和家庭妇女一看，这下连回去自己做饭蒸煮的功夫都省去了，价格又公道，纷纷爽快掏钱购买了店长自制的家常菜。因此，店长的生意越做越好，让其他比他先来的熟食店主们都羡慕不已，这就是善于联想带来的优势，能够让自己贴近普通老百姓的角度去思考问题，从而漂亮地完成了逆转。

环境向来是思考离不开的左膀右臂，单纯的思考，而不依赖自己身处的环境，也不观察身边的细节，就像是没有翅膀又盲目乱飞的小鸟，即使能飞，也无法飞得遥远，飞得长久。只有立足于现状，才能把握住联想能力的关键——由此及彼。

美国德克萨斯州曾经是一个蕴含着极大自然资源的"宝库"，不少美国其他州的人们疯狂奔向这片富饶的土地，有不少人因为淘金、挖煤以及发掘石油井而直接摇身一变，成了身价千万的富豪。其中有一个年轻人，当他得知这个消息时，匆匆忙忙地赶到德克萨斯州，结果最丰厚的资源已经被其他人抢先一步夺走，搜刮得差不多了。这个年轻人十分的失望，看着其他比自己还晚到的人依然不屈不挠地跑去掘金和探测自然资源，他不由得苦笑一声，真是时不我待啊。

当他准备收拾行李，踏上回家的旅程时，途经一个石油的采掘场，看着许许多多的人在那儿拼命地向地下挖掘，生怕漏过了石油的踪迹，却一无所获，坐在一旁大口大口地喘着粗气。看着这群劳累的人，这个年轻人突发奇想，他从比较远的地方酒吧以低价收购来了一批冰水，然后急急忙忙跑到这个采掘场，众人看到自己渴望已久的冰水，顿时就像狼见了兔子，一拥而上，只一瞬间冰水就被抢购一空了。年轻人想到，这些人整天如此劳累，又缺乏照顾，他们现在最稀缺的不是什么宝藏或者金钱，而是周到的服务和照顾。于是，这个年轻人开始和德州附近的多家餐饮行业合作，用原本准备用来开发自然资源的积蓄在各个挖掘地点成立了餐馆、酒店以及普通的酒吧等消费场所。大量的劳动力成为了这些餐饮行业的消费主力军，每天都有成百上千累得半死的劳动者进入这些地方购买酒水和食物，然后再去进行无休无止的开发工作，于是，年轻人偶然一次关于劳动与需求的联想，成为了自己源源不断的利润。

日久天长，德克萨斯州的自然资源已经差不多被开发光了，这场开发工作令许多人一夜暴富，德州本地的有钱人也大幅度增加，剩下来的那些人只好灰溜溜地返回自己的故乡了。而年轻人这次又展开了联想：既然那些辛苦的体力工作者们已经离开了，那么剩下来继续留在德州的，肯定就是已经淘金成功的富豪们了。于是，他开始将自己旗下的饭店、酒吧等消费场所统统进行整改，将之前的那些低价冰水、廉价苏打水以及便宜的小瓶朗姆酒全都摒弃掉，然后隆重推出了昂贵的法国香槟、舒适的总统套房、豪华的异国大餐，以及价格成倍增长的各项住宿、高档美食等服务。这种改变是基于德克萨斯州的生活水平明显上升之后的经济水准，大量的有钱人开始入住这些高级酒店，品尝着各类高档的晚餐和红酒，这又让年轻人猜对了，于是这些酒店在富豪们的光顾下迅速扩张，现在已经成为了全美乃至全世界都享有盛誉的高端连锁酒店——希尔顿酒店。

联想，它不仅仅只是针对物，也可以针对人，不同的人会引起我们不同的联想，比如当我们想起"发明大王"爱迪生，就能联想到他的伟大发明和百折不挠的精神；当我们想起"鉴湖女侠"秋瑾，就能联想到她"拼将十万头颅血，须把乾坤力挽回"的豪杰气概；当我们想起文天祥，就能联想到他"人生自古谁无死，留取丹心照汗青"的浩然正气…往往以人物为联想的题材，更能令人感同身受，同时也能激发出平常想不到的另一面。

三国时期的曹操在临近晚年时，开始考虑自己的接班人问题，在自己的好几个儿子当中，曹丕和曹植这两兄弟最让曹操满意，于是，继承人顺理成章地从这两人里面诞生。曹操本身是个比较随性的人，相对于少年老成的长子曹丕，曹操更加喜欢浪漫不羁的次子曹植，而且曹植和父亲曹操一样，诗歌才华极佳，每当曹操领兵之前，曹植都会朗诵一篇令人感动的送行文章，这更令曹操心花怒放。

　　曹操手下最著名的谋士贾诩将这些现象都看在眼里，他很清楚曹丕才应该是曹操选择的最佳继承人，但是，贾诩也同样很了解曹操，曹操虽然随性，但是他的疑心也很重，如果贸然向曹操建议选择长子曹丕，很有可能会令曹操心生疑窦，让自己陷入曹操的怀疑。于是，为了打消曹操的怀疑，最好就是让曹操自己动脑筋去想明白这个问题，自己只应该作为一个谋臣，提出自己的想法，而不要直接给出建议，秉持着这样的理念，贾诩突然想到了一个办法。

　　有一天，曹操和贾诩野外同游，曹操兴致来了，便问贾诩说："贾诩先生，以您的看法，您认为我的两个儿子，曹丕与曹植，哪个更适合当我的继承人呢？"贾诩早就已经想好了应对这种问题的方法，他意味深长地笑了笑，回答曹操："曹公，现在请不要问我这个问题，在下正在想一个故事。"

　　曹操的好奇心被勾起来了："哦？想故事？先生在想什么故事呢？"

　　贾诩笑着说道："啊，臣在想当年输在曹公手上的袁绍和刘表两人的故事。"

　　曹操猛然一惊，袁绍和刘表与曹操为敌，后来经过多方征战，袁绍和刘表最终都输给了曹操，这二人也身败名裂，退出了三国这段历史舞台。而贾诩在这时提起了此二人，让曹操联想到袁绍的诸多败因之一，就是他不依照祖训，擅自立了自己喜爱的小儿子袁尚，而导致自己的长子袁谭，次子袁熙与小儿子展开了惨烈的继承人争夺战，耗空了自己家的实力，最终落得个家破人亡的下场。还有刘表，也是因为私下太过亲信次子刘琮，而忽视了自己的长子刘琦的才干，结果立了刘琮为自己的继承人，曹操不费吹灰之力就擒拿了刘琮，最终得到了刘表好不容易才守住的基业。

想到这儿，曹操又不禁想起自己的这两个儿子，虽然曹植得到了自己的喜爱，而且曹植也有一定的能力，但是诗歌方面的杰出并不能代替执政上的平庸，反观自己的长子曹丕，虽然为人较为沉默，但是为人处事方面成熟稳健，令人放心。再加上贾诩的联想暗示，曹操终于明白自己应该选择谁来继承自己了。于是向贾诩拜谢，不日便宣布册立曹丕为继承人。

联想思维最重要的是三个特性：连续性、形象性以及概括性。三者缺一不可，连续性让人通过联想能够想到接下来将要采取的行动是否合理，能否像自己联想的结果一样顺利发展；形象性则保证了联想时对比较事物之间的准确性，如果不够形象，就无法做出理性的判断；概括性在于短小精悍，不能无止境地联想，否则就成了"空想"，点到为止的联想是最有效的，而作为联想的主体，青少年时期是想象力最丰富的时期，这个时候，就应该多多积累联想的素材，让自己保持一颗好奇心，如果将创造力比作是那轮光明的太阳，那么联想思维就是帮助我们拨云见日的那只智慧之手，联想对于我们的重要性，恰恰正如著名的国际品牌"联想"公司的那句广告词："没有联想，世界将会怎样？"

第八辑

创造中的迂回思维

欲擒故纵，以屈为伸

以迂为直，借力打力

欲擒故纵，以屈为伸

　　很多具有想象力的点子并不是一经提出便可实现的，它们往往需要经过一个漫长的过程，这个过程中有可能会经历各种各样的阻碍和困难，虽然这些困难会令我们感到烦恼，会令我们感到失望，甚至会让我们的愿望落空，但正因为如此，在困境中发挥的想象力，才是最难得的智慧之火。往往通过"明修栈道，暗度陈仓"的创造力，才能达到事半功倍的神奇效果。

　　曾经有一家典当铺的老板非常乐善好施，他为前来典当的人提供合理的价格，让全城的老百姓都非常感激。有一个外地来的年轻人听说了这事情，便跑到这个典当铺，他谎称自己的家庭很困难，父母都卧病在床，家里积蓄已经全都拿来还债了，自己也因为种种原因身无分文，希望能典当自己家祖传的一颗珍珠，用来凑齐给父母治病买药的钱。看到这个人说得如此凄惨，又考虑到他的家境如此可怜，典当铺老板很同情这个年轻人，又因为这个人说得如此急迫，怕是要赶时间，于是，老板在还没有验过那颗珍珠前就让伙计们给珍珠上盖上个戳记，然后将其收入当铺，并拿了足足一百两银子给他。骗子拿到了这笔巨款，对着老板千恩万谢了一番，连忙溜之大吉了。

等年轻人走了，老板这个回过神来。他让店里的伙计帮忙验一验那颗珍珠，居然发现这是一颗分文不值的假珍珠，那个看似可怜兮兮的人原来是个彻头彻尾的大骗子。这下子典当铺老板捶胸顿足，没想到自己好心想帮助别人，却被骗走了这么大一笔钱。店里的伙计们都对此义愤填膺，纷纷说要在全城中搜寻那个骗子，抓到他去报官。这时候，老板的女儿出来了，先是安慰了自己的父亲一番，然后对伙计们说："这个骗子看来已经是个行骗老手了，我们就这样贸贸然地到城中到处找他，也只会打草惊蛇，让他知道咱们这么大阵仗去搜捕他，他肯定会趁早溜之大吉。"

"大小姐，那你说我们应该怎么办呢？难道看着老板就因为假珍珠白白被骗走一百两银子吗？"伙计们愤愤不平地问道。

"没关系，"大小姐神秘地一笑，"我们现在的目的就是要抓到他，同时追回他骗走我们的一百两银子。而且，再精明、再狡猾的骗子，都会有一个弱点，你们可知道这个弱点是什么吗？"众人茫然地摇摇头。

"那就是他们一直保持着的贪欲！"大小姐坚定地说，于是将众人招呼过来，附耳交代大家如此这般，大家听后，对大小姐的聪慧佩服得五体投地。

翌日，这家点当铺在城中举办了一场"诚实守信，合法经营"的公众见证会，在会上，典当铺的老板向大家再三承诺，凡是在本店中抵押或典当过东西的，在一年之内只要来赎回去，价格绝对按照原来的典当价支付，然后原封不动地将典当物交还给当事人。倘若不幸在一年之内，典当物品遭到了自然或者人为的损坏，典当铺照当时的原价进行赔偿。观看见证会的人们都被老板的好心肠和讲信义所感动，正要鼓掌叫好时，老板的女儿走上了会台。

"乡亲们好，我们当铺在平日里广积善缘，待客如亲，本着商家的诚意来和大家做生意，但是没有想到，前些日子来了一个大骗子，这个骗子拿着一颗假珍珠，哄骗我的父亲，让他拿出了一百两银子去收了这颗假货，结果那厮拿到钱就跑了，对于这样没有良心的骗子，乡亲们说，该不该抓？"

民众听到这里纷纷大怒："该抓！该抓！"

"谢谢乡亲们的支持，只是每当我们看到这颗假珍珠，就记恨那个骗子，今日，当着诸位的面，我们就要当众砸碎这个象征着欺骗和谎言的假货。"言罢，她掏出那颗假珍珠，放在了布置好的桌面上，伙计大喝一声，一个榔头砸下来，假珍珠已经粉身碎骨。

民众们为这次见证会拍手叫好，而躲在暗处时刻观察的骗子却面露喜色。原来，当他听到老板对大众的承诺中提到"倘若在一年之内典当物品遭到自然或者人为的原因而损坏，就照当时典当的原价赔偿"，又看到点当铺老板的女儿当众砸碎了那颗假珍珠，顿时心想：这下你们可真是自掘坟墓了，原本自己的珍珠是假货，现在被一榔头砸碎到什么都不剩了，这下自己可以敲诈一笔银子。

过了几天，这个骗子就大摇大摆地走进了这家典当铺，却发现典当铺里所有的人都站在那儿等着他。骗子心里感觉有些不妙，便硬着头皮走上前去，对着点当铺老板说道："喂，老头，我前些日子在你这里典当了一颗价值连城的珍珠，你可曾记得？"

当铺老板气得直哆嗦："好你个大骗子，自己给了我一颗假珍珠，现在还敢堂而皇之地走进来，你好大的胆子！"

骗子哈哈大笑道："什么假珍珠？我那个可是我们家祖传了好几代的名贵珍珠，现在，我要把它赎回来，人呢？给我拿我的珍珠去！"

这时，当铺的大小姐笑吟吟地走了出来，对骗子说："这位客官，我们怎么会弄丢了每位客官最重要的典当物呢？来，先把当时的典当金交回来吧，我们按规矩，一手交钱，一手交货。"

骗子为了做戏做全套，还特地把之前骗来的一百两带了回来，他很清楚自己的那颗假珍珠已经被眼前的这个姑娘命人给砸碎了，所以，他料定他们一定拿不出来。于是得意洋洋地还回了那一百两。接着，大小姐便回身递给了他一颗珍珠。

骗子大吃一惊，接过来定睛一看，顿时天旋地转，这颗珍珠竟然真的是自己之前拿来行骗的那颗假珍珠！骗子顿时慌了手脚，连忙狡辩道："你们拿错了！我的那颗珍珠在之前的那场见证会上，已经被你们砸碎了，那颗才是我的珍珠！"

"哦？是吗？您说的是之前我叫人在大家面前砸碎的那颗，才是您的？"大小姐问。

"是的，没错，哈！你们现在不仅砸碎了我的珍珠，还想要拿一颗其他的珍珠来糊弄我，你们要赔我更多的钱！"骗子以为自己占了上风，顿时又得意起来。

这时，大小姐冷笑一声："好你个骗子，给我拿下！"伙计们一拥而上，将骗子制的服服帖帖，骗子不服气，大声喊道："你们凭什么抓我？我的珍珠被你们砸碎了，你们要赔我钱！"大小姐哼了一声，拿起那颗假珍珠，对着骗子晃了晃："蠢货，我们家的当铺每次收货都会盖上戳记，以防弄混了，这颗就是你当时送来当铺的珍珠，你说之前我砸碎的那颗珍珠才是你的？你难道忘了之前砸碎的那颗是假珍珠吗？如果那颗被砸碎的珍珠真的是你的话，那么你就是承认拿着那颗假珍珠来行骗了？"

骗子顿时冷汗直流，忙不迭地否认："不不不，我说错了，我知道了，现在你拿在手里的那颗才是我的，是我之前搞混了，这颗才是我当时拿来当铺的珍珠。"众人见到这个漏洞百出的骗子，忍俊不禁。老板更是笑得前仰后合："你这个笨蛋，你说这颗才是你的，那我们现场就可以验一下，看看你的这颗珍珠到底是真是假，如果是假的，那么你就骗了我们，如果你又说砸碎的那颗是你的，那么那颗也是假的，你还是对我们行骗。不管你选择哪一个，我们都能指证你拿着假珍珠向典当铺诈骗钱财，你等着坐牢吧！"骗子顿时就像打了霜的茄子。最后，官府收到典当铺人的报案，立刻将这个骗子绳之以法，城里的人也对当铺大小姐的这套"请君入瓮，引贼上钩"的方法赞叹不已。

很多时候，要通过自己的智慧去引导另一个人进入自己设下的"圈套"是一件非常不容易的事情，这里我们就需要利用自己的聪明才智，营造出一种"弱势"或者是自己的"失误"，来让对方上钩，从而达到"欲擒故纵"的神奇效果。

美利坚合众国的开国领袖、第一任美国总统华盛顿从小就是一个非常聪明的人，当时的美国还属于英国的殖民地，在这片土地上的其他人种都受到了英国殖民者的压迫，而且英国在当地的执政者们也都偏袒英国人，导致本地的居民们经常受到不公平的待遇。

在华盛顿逐渐成长为一个年轻小伙子的时候，他看到了太多太多对自己身边的人不公的事情，并且通过自己的手段尽可能地帮助了本地的居民反抗这种殖民压迫。有一天，华盛顿父母的一个老朋友杰克找到华盛顿一家，向他们诉说了自己受到的冤屈。华盛顿的这个叔叔原本是一个农民，好不容易攒下来了一点积蓄，就到家畜市场准备买一头驴，在他买好了之后，将驴牵至到一片草丛边上，自己却突然闹肚子了，于是跳进草丛里去方便，这个时候，杰克斜眼看到一个人牵走了他的毛驴，飞快地往回逃走了。

他急忙站起来追了过去，结果又回到了家畜市场，在他找了半天之后，他才终于在一家卖驴店的旁边看到了自己的驴，他刚要上前牵回自己的驴，却被一个英国人制止了："你干什么？这可是我的驴！"英国人向他呵斥，华盛顿的叔叔勃然大怒，他一把揪住了这个英国人的衣领："你说什么？你这个英国小偷！这是我刚刚从驴店子里买来的，你竟然敢睁着眼睛说瞎话！"英国人一把甩开了他："你说这是你的？有证据吗？"于是他牵着毛驴和英国人来到卖驴的店家那儿准备找老板当面对质，结果没想到驴店的老板出门了，看店的伙计并没有接待其他顾客，这下子空口无凭的反倒成了华盛顿的叔叔了。正当两个人在驴店门口将要从争执上升到大打出手的时候，在菜市场里巡逻的英国巡警发现了他们俩，连忙跑来将这两人分开："这里出了什么事情？给我好好说清楚！否则就把你们两个人统统抓起来。"

"警官大人，这个人偷走了我刚买的毛驴，这是我刚从旁边这家店里买来的！"杰克愤怒地说道。

"他在胡说，这是我的毛驴，我把它牵来是要准备卖掉的，然后这个家伙就出现了，非说这个是它的驴。"英国人也不甘示弱。

"你们给我等着，别动。"英国警官跑进了驴店，询问了情况后，返回对两人说："店家对你们俩人都没有印象，现在，这头驴就先收归英国人所有，但是不能把它卖了，等美国人找到证据再来找我们吧。"英国警察盯着杰克："喂，你！你先回去吧，这里没你的事了，我保证三天之内你的毛驴还会受到我们的监管。"

杰克怒不可遏，没想到英国警察竟然如此偏袒英国的小偷，自己的东西反而自己无权拿回来，因此跑到了华盛顿的家里向他们诉苦。华盛顿听完之后，眼珠子一转，想到了一个好办法："杰克叔叔，你想要回你的毛驴吗？来，跟我去找到那两个英国佬！"说完，华盛顿就和杰克一起跑出了门。

再次来到家畜市场，两人看见那个英国警察正和那个偷窃毛驴的英国小偷站在一起谈笑风生，两人强压住自己的怒火，上前和英国人打了声招呼。

"怎么？想到办法证明这是你的驴了？"小偷略带嘲讽地向杰克叔叔瞟了一眼。华盛顿示意叔叔不要激动，上前一把抢过了毛驴，蒙住了毛驴的两只眼睛。英国小偷和警察吃了一惊，上前质问他："你在干什么？小鬼！""快把你那双脏手拿开，别碰我的毛驴，小子！"

"你们都先不要生气嘛，英国的绅士们。"华盛顿停了停，等到两人安静下来之后，又说道，"现在我们要证明这头毛驴是谁的，其实可以用一个最简单的方法来说明，谁最了解这头毛驴，这头毛驴就是谁的，您说我说得对吗？警官大人。"

"那你现在想要干嘛？你捂着毛驴的眼睛干什么？"英国人问道。

"你们两个难道都没发现这只毛驴其实眼睛部位有伤吗？至于它到底是哪一只眼睛上有伤，那就要看到底谁是它的主人了。"

华盛顿冷静地说。

这下英国小偷就慌了神了，他只注意到这头毛驴的身板不错，又急于把它偷到手，根本没有仔细观察过这头毛驴，更别说这头毛驴的眼睛了。"这个…这个…"小偷面露难色。

"怎么？你不是说你是它的主人，把它牵到这个市场里来卖的么？难道作为毛驴的主人，你都不知道它的哪一只眼睛有伤吗？"华盛顿紧紧逼问他。

"我…我当然知道了。"小偷嘴硬道，"我知道，它的眼睛，左眼有伤口，是的，在左眼上！"华盛顿听罢，举起了捂住左眼的手，大家一看，左眼安然无恙，一点伤都没有。

这下小偷更慌了，他想，既然眼睛的伤口不在左边，那就肯定在右边了，于是不等杰克叔叔先说，就抢先答道："啊，我记起来了，伤口是在右边，对，没错！就是右边，我记得很清楚！"这时，杰克叔叔不耐烦了，他笑着对小偷嘲弄道："你这个白痴，我选择的驴我看得最清楚，这头驴是最健康的一头，我从头到脚看了个遍，它是最好的一头，所以，它的眼睛怎么可能会有伤呢？"

华盛顿微微一笑，举起了遮住毛驴右眼的手，英国警察和小偷都吃了一惊，只见这头毛驴的两只眼睛完好无损，哪里像有伤呢？

"小子，你敢戏弄我！这头驴根本哪儿都没有伤！"警察发怒了。华盛顿急忙答道："是的，警官先生，我的确是骗了您，但现在事实证明，你身边的这个英国同胞才骗了我们所有人，而且他怎么可能对自己养的毛驴一无所知呢？所以，他犯下了盗窃罪，请把他带走吧！"面对现场的铁证，英国警官不得不将这个英国的毛驴窃贼给抓走了。杰克对华盛顿的机智赞叹不已，而日后，凭借着利用敌人的疏忽和自己的佯装，华盛顿领导全美人民赢得了多次战争的胜利，虽然途中经历过不少挫折，但是他最终还是让"实现美国民族独立"这个最终目标得以实现。

通过巧妙运用自己的智慧与手段，让原本很难达到的目标在通过迂回和绕弯后实现，这看起来是一个吃力不讨好的过程，但这也是人们在生活中最经常运用的智慧之一。没有人在完成目标前是一帆风顺的，我们也不能保证自己一根筋儿似的一直走到底，那么，为什么不用一种更加委婉而且更加容易成功的方法去思考呢？这便是我们人类独有的思考模式：以静制动、以慢打快。在这种看似麻烦且慢半拍的思索中，逐渐让我们完成最初想要达到的目的，这就是一种创造力。

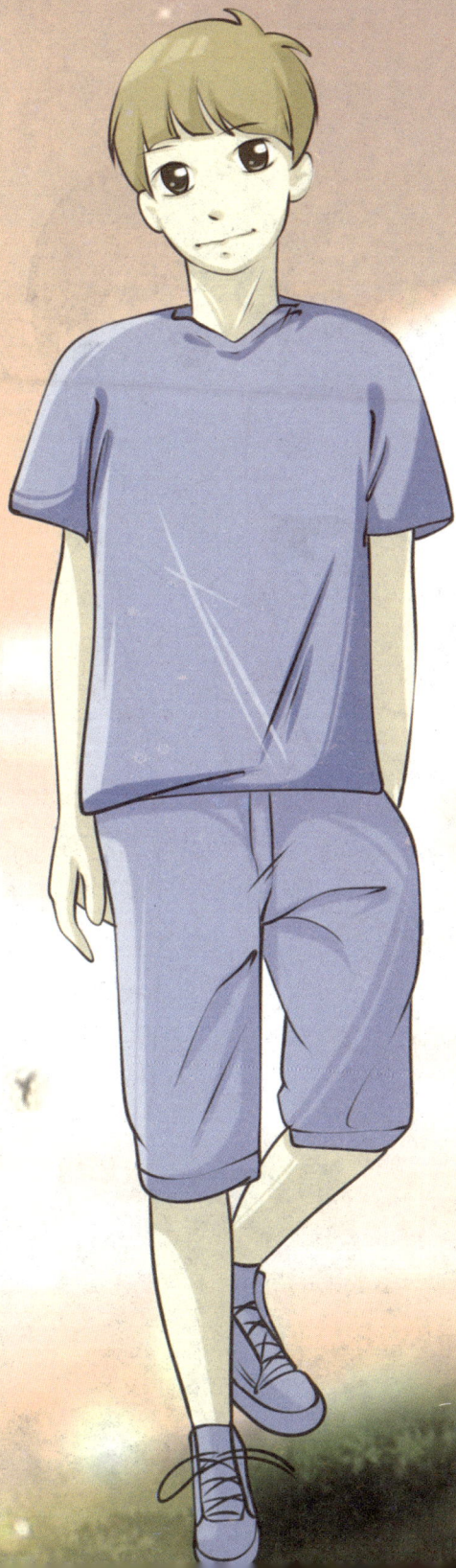

以迂为直，借力打力

一般地来说，人在思考时都会以自我为思考中心，一切的道理、方案、办法，都是通过自己的知识储备和平时观察积累所得，在运用智慧来解决现实问题时，这种思考形式通常都能解决绝大部分的问题。但有时候，当我们遇到了一些从没见过的问题，或者是问题出在别人身上的问题时，那种以自我为中心的思想，还能行得通吗？

法国的巴黎向来被誉为"世界时尚之都"，在巴黎，有许多的免费公园供给人们休闲娱乐，在这些公园中，绿化措施做得非常完善，几乎每个公园都会有大片大片的草坪让人欣赏，放松自己的心情。但是，有一个公园的草坪经常被人踩踏，那些人完全没有注意别人的感受，而是自顾自高兴地在草地上胡乱玩耍，公园的负责人吉姆为此非常头疼。虽然公园的各种公共设施都是免费的，但是不顾公共道德的滥用也是不被允许的。为此，吉姆决定竖起一个木牌，上面写着"请爱护我们的绿色家园"，然而，踩踏事件依旧没有停止，吉姆想了想，决定要制定出一套可以禁止这种情况发生的方案，于是，他又在阜坪上竖起了一块木牌，上面写着"严禁踩踏草坪，违者罚款 100 法郎"，并且派出监察人员定时定点前往草坪方向巡逻。吉姆心想这下子肯定不会再有人"顶风作案"了吧，结果，一开始的确是震慑到了之前的那些踩踏者们，但是好景不长，随着那些踩踏者们摸清楚了巡逻人员的交班规律和处罚方式，他们每次都趁检查的人不注意的时候溜进草坪里，然后在下一班巡逻人员来之前快速逃离现场就行了。这下，和之前的践踏草坪相比，现在神出鬼没的违规者反而越来越猖獗，连抓都抓不到了。

这下子吉姆不得不停下来好好想想了，这些违规者们难道不怕被抓到吗？不，他们害怕，正是因为他们害怕，所以才要去摸清楚巡逻队员的踪迹和巡逻规律。那么既然如此，我们设计出一套没有规律可循的检查方式就可以了，可是，要怎么才能形成没有规律可循的检查方式呢？

最后吉姆决定，再次更换木牌，插上了全新的木牌，这次，木牌上写的内容变成了"现在凡举报违规践踏草坪者并提供证据者，奖励 100 法郎"，这下，违规踩踏草坪的人再也不敢出现了。之前的巡逻队员人数虽然减少了，但是现在，整个公园的人都盯着这块草坪了，监察的人数从以前的寥寥数人，瞬间上升到了几百人，在人人都想抓住违规者的前提下，再去以身犯险，危险的程度就比以往要大得多了。吉姆通过这种"全民皆兵"的迂回方式，终于制止了对公园草坪的践踏行为，也促发了公园内的人互相监督公德的好习惯。

我国古代西汉的汉武帝时期，文治武功都已经达到了当时中国的顶峰，汉武帝的个人威望也已经登峰造极，基本上没有人敢于正面反对他的观点。有一天早朝时，汉武帝兴致起了，就对文武百官说："朕昨日夜间睡不着，于是便起来看书，看到一本《相书》里面介绍了给人们看相的方法，书里面说，凡是人的鼻子底下的那条人中很长，这个人就一定能够活得很久。而且它还举例说，如果一个人的人中长一寸，那就能活一百岁，如果比一寸还长，那就可以活得更久。各位卿家，你们看朕的人中是不是也很长啊？"众人都知道《相书》只是一本教人看相的书，并没有真凭实据能证明这一点，但碍于皇帝的威严，大臣们纷纷点头称是，不敢多言。这时候，汉武帝时期的第一谋臣东方朔突然哈哈大笑，笑的前仰后合，简直像是疯了一般，大臣们吃了一惊，在这早朝的朝堂之上，东方朔怎么能如此放肆的嘲笑君王呢？汉武帝一看也非常不满，就质问东方朔："你为何敢嘲笑朕？难道你认为朕说的不对吗？"东方朔笑了好一会儿，才向汉武帝禀报："臣哪怕是长了一百个脑袋，也是万万不敢嘲笑皇上的啊，只是在笑另外一个人。"汉武帝的好奇心被吸引起来了："哦？你在笑别人？

那人是谁？"东方朔回答："臣在笑彭祖啊，彭祖在传说故事里据说已经活了八百多岁了，按照陛下在《相书》里的说法，人的人中长一寸才能活一百岁，那么彭祖的人中岂不是要比他自己的脸还长了？一想到彭祖竟然长了张那么长的驴脸，臣怎么能忍住不笑呢？"言罢又忍不住捧腹大笑，众位臣子听了后也纷纷被东方朔风趣幽默的比喻给逗笑了，汉武帝一细想，确实觉得东方朔说的有道理，一个人能活那么长，脸还是和常人一样的，怎么可能会依照人中的长度来判断人的寿命呢？看来《相书》也不是什么太有道理的书，也和大家一起笑了。就这样，东方朔凭借着巧妙的暗喻揭穿了《相书》的不科学，让汉武帝也意识到了自己的错误，同时也让大家都欣然接受了这一事实，汉武帝从此对东方朔的说法和谏言尤其注意，对其提出的建议认真对待，让西汉的国力更加强盛。

法国文豪大仲马向来是一个热心肠，当时法国有许多优秀的歌剧院，因为好歌剧的缺乏而赚不到钱，很多人都希望能得到大仲马这种重量级的文学家给自己的歌剧院写出一部歌剧剧本，然后凭借优秀的歌剧大赚一笔门票钱。当时最豪华的法国歌剧院老板向大仲马约定，大仲马先为法国歌剧院写出一个优秀的歌剧剧本，然后由法国歌剧院负责寻找合格的演员来演出这部剧，如果上座率达到一定数量，并且在最终 20 天的票房能够达到 50000 法郎的话，就付给大仲马 1000 法郎的稿酬。结果，大仲马为了这部歌剧花费了大量的心血和时间，终于在法国歌剧院上映了，此剧一经上映，立刻引发了观众们的热情，每天的大剧院位置都被提前预定，一票难求，通过大仲马杰出的文学才华和歌剧的优秀表演，20天以来，歌剧院的上座率场场爆满，收获了巨大成功。在歌剧演出20天之后，大仲马找到了歌剧院的老板，要他兑现对自己的承诺。

没想到歌剧院老板见利忘义，对大仲马说："哎呀，真是谢谢您的照顾，您写的剧本真的是太棒了，只是，很可惜……"

"可惜什么？有话不妨直说。"大仲马疑惑地看着老板。

歌剧院老板狡猾地搓了搓手，对大仲马说："您也看到了，虽然这些日子以来，歌剧院的收益的确很好，座位也场场爆满，但是呢，今天是最后一天，上座率比以往要低那么一些，我刚才派人去检查了一下门票的账目，结果发现，呃，直到目前为止，门票的总收入只有49995法郎。您看，我们俩约好的是要在20天之内卖出50000法郎的票价对吧？唉，真是可惜，只差5法郎了，但是，您懂的，规矩就是规矩，没有达到预期的目标，我们只能支付给您500法郎，您看……"

大仲马气坏了，没有想到到这最后的关头，竟然才玩出这么卑劣的手段，大仲马立刻要求查账，老板笑嘻嘻地让自己的手下带大仲马去核对了门票销售记录，记录早就已经被做过手脚，大仲马对此没有任何办法，白纸黑字的销售额写在纸上，大仲马看着那个"49995"发了会儿呆，忽然跳了起来，跑向剧场的门口，老板和伙计们都不知所措地呆在了原地，不知道他要去干什么，过了一刻钟左右，大仲马气喘吁吁地跑了过来，举起了手中的剧场戏票，得意地在老板面前晃了晃，老板和伙计这才醒悟过来，原来大仲马刚才就是直接跑去再买了一张自己歌剧的戏票了，这下在白纸黑字上，大仲马自己添上了自己刚刚花掉的 5 法郎，正好凑齐了 50000 法郎的歌剧票房，这下子老板等于是搬起石头砸了自己的脚，叫苦不迭，只好按照之前双方的约定，乖乖的交给了大仲马应得的稿酬 1000 法郎。大仲马运用老板自己伪造出的证据让自己获得了迂回取胜的机会，并且最终避免了自己的损失。

迂回思维，它与中国古代道家的"太极思想"有着异曲同工之妙，虽然要经历一定的曲折，但是迂回的思维始终都不曾断掉，它依然能够通过连绵不绝的思考来绕开原本难以攻破的思维阻碍，找到自己全新的前进方向，最终实现全新的创造。正所谓"镜花水月，别有洞天"，有时候，我们在遇到难以逾越的阻碍时，在坚持上下求索的同时，不如也往不同的方向去试试看能否前进，相信你也一定能找到通往创新的另一条康庄大道。

第九辑

是什么束缚了你的创造力

不做跟随者

不做旁观者

限制创造力的思维

不做跟随者

　　法国著名科学家法伯发现了一种特别的虫子，这种虫子被称为"跟随者"。在外出觅食或者玩耍时候，这种虫子都喜欢跟随在另一只同类的后面，而从来不敢私自行动。法伯觉得很有意思，便做了一个实验：他在野地里捉了很多这种虫子，然后把它们一只只首尾相连地围着一个花盆摆好，又在离花盆不远的地方摆放一些这种虫子爱吃的食物。过了一个小时，法伯再看这些虫了，发现它们一只跟在另一只后面，正不知疲倦地围绕着花盆转圈呢。过了一天后，法伯再去观察，发现情况依然如此，那些虫子们一只紧跟一只地围绕着花盆爬行着，丝毫没有发现离它们不远的食物。一个星期之后，法伯再去看那些虫子，发现它们一只挨着一只，都饿死在了花盆周围。

这些虫子虽然都饿死了，但是它们死不足惜。如果它们能改变习惯，能将眼光从前面一只虫子的屁股投到远方，那么它们便能发现食物，不会因为不敢越雷池一步而饿死。

其实，该换一种思维方式生存的不仅仅是虫子，还有正在成长中的青少午朋友们。处于成长阶段的青少年朋友们，你们是否抛弃了自己的主见，是否不知不觉中做了一个"跟随者"呢？

李乐是新蕾中学初二的学生，她有个姐姐叫李欢。李欢非常优秀，她能歌善舞，多次在各种歌舞比赛中获奖。前不久，李欢跟着省声乐团出国参加中韩青少年文化艺术节，还得了金奖呢。李欢也成为亲朋好友中谈论最多的话题："李欢这孩子可真为她家里争气，这次又获奖了。""可不是，将来肯定是当歌星的料。""她又聪明又懂礼貌，我的孩子要是有她一半的成绩就好了。"

妈妈也常常为李欢而骄傲，并请音乐学院的专业声乐老师来辅导她，为她报考北京电影学院做准备。

在李欢面前，是一条光明而富有前途的道路。李乐却没有李欢那么受到关注，她长相平平，学习成绩只是勉强处于班级中游水平。期末老师给她的评语是：学习努力，做事踏实，数学成绩进步很大，但创造力不足。看着老师的评语，李乐用手推了推鼻梁上的眼镜，有些闷闷不乐。

其实，李乐在心底一直有个秘密，那就是能像姐姐李欢一样，能够唱歌、跳舞，能够获得更多的荣誉。记得李欢读初中时，妈妈带着李欢参加各个声乐舞蹈培训班时，李乐都跟在后面。李欢去参加唱歌比赛时,李乐也恳求地说:"姐姐,你也带上我去吧?"很长时间来,李乐就像是李欢的影子,她总是跟着李欢的后面,却不被人注意。

其实,妈妈在给李欢报名学声乐、舞蹈时,也顺便给李乐报了名,在请声乐老师辅导李欢的功课时,李乐也在一旁听讲。但是,李乐在歌曲方面的天赋并不突出,她虽然也很努力,却一直没太大的进步。

李乐非常郁闷,便趁着姑妈来家做客的时候,将自己的心事偷偷告诉了姑妈。姑妈刚刚从美国获得心理学博士学位,她有好几年没有看到李欢、李乐了。姑妈听了李乐的倾诉,便安慰道:"李乐,你性格内向,其实并不适合学习歌舞。其实,你自己有自己的优点,但是你一直没有发觉,总是跟着你姐姐的成长节奏在走。你努力好学、做事严谨,在文艺方面的成就并不突出,但是你的理科成绩还不错。所以,你不要学习你的姐姐,而应该找到自己的真正的兴趣点所在,并走出属于自己的道路。"

李乐听了,心里若有所思:"是呀,我为什么非要学姐姐,不能自己做自己呢?如果我不再生活在姐姐的影子里面,说不定能开创一片新的天地。"

傅聪是享誉世界的钢琴大师,他从小就热爱音乐。父亲傅雷本想让儿子学画,但他发现了儿子的音乐天赋,便让傅聪拜意大利指挥家、钢琴家,时任"上海工部局交响乐队"指挥的梅帕器为师。傅聪19岁时作为唯一的中国选手参加在罗马尼亚举行的第四届"世界青年联欢节"，并获得钢琴比赛三等奖。傅聪在音乐上取得重大成就，并被送往波兰学习，他正在读中学的弟弟傅敏也暗中发奋，想要在艺术上有所作为。傅敏初中毕业时，想报考上海音乐学院附中，可是傅雷却坚决不愿意。傅敏想，如果不同意我报考音乐学院附中，那我像哥哥一样退学在家学琴总可以吧？可是，傅雷还是摇头。傅敏又哭又闹，他不明白父亲为什么支持哥哥学琴，却不允许自己走这条路呢？自己和哥哥都是父亲的儿子，手心手背都是肉，他为什么厚此薄彼呢？后来，傅雷对傅敏直言相告："你的看谱能力不强，没有你哥哥在音乐方面有天赋，但是你做事严谨，外语成绩很好，我看你将来适合教书。"

傅敏听了父亲的建议，进入华东师大附中高中部学习。果然，傅敏发现自己喜欢外语更甚于音乐，他的外语天赋很快就表现出来，最后被保送至北京外交学院学习，后又调入北京外国语学院。毕业后，傅敏在一所中学教书，他教书认真负责，深受学生好评，后来还被评为"特级英语教师"。

从上面的事例可以看出，青少年朋友在成长阶段上不能亦步亦趋，不能做毫无主见的"跟随者"，不然自己的创造力就会被扼杀在摇篮之中。如果只是一味模仿别人，做别人前进道路上的影子，那便是作茧自缚。只有养成独立思考的习惯，才能找出属于自己的道路，才能让自己的创造力不被束缚。

亲爱的朋友们，当你们不再试图遵循自己和别人固有的模式，而是将自己的想象或是好奇大胆地展示出来，那么你们都将成为伟大的创造者！所以，你们不要限制自己对万事万物的好奇心，发挥自己的创造力，就算没有做出惊世的大制作，也没有做出有益于人类的小发明，至少生活也会因此增加很多不一样的乐趣。不要束缚住创造力，让它自由的翻飞，也许在不经意间它就会回馈你一片多彩的天空。

有一次，美国一家电视台在录播节目，主持人问一个十几岁的女孩："你的理想是什么？"女孩自信地回答："总统。"现场的观众一片哗然。

主持人吃了一惊，然后问道："难道你不知道，美国历史上至今没有一位女总统吗？"女孩很快地说道："我当然知道，过去没有不代表将来没有。""那你知道是什么原因吗？"主持人又问道。

"因为男人都不投女性候选人的票呀。"全场爆发出一阵大笑声。

主持人锲而不舍地问道："你肯定，男人不投她的票吗？"

女孩淡然地回答："当然肯定。"

主持人笑了笑，然后面对观众说道："如果这位女孩子想当总统，请投她票的男性举手。"很多男人将手举了起来。

主持人颇为得意地说："咦，你瞧瞧，有不少男人会支持你呀。"

女孩很快扫了一眼观众席，说道："他们还不到三分之一的比例。"

　　主持人又面对观众说道："请在场的所有男性观众把手举起来，支持这位美国历史上将会出现的第一位女总统。"

　　话刚落音，男人们都将手举了起来，有人还举起双手。

　　主持人再问女孩："你看到没，你的支持率是百分之百……"

　　女孩有些不屑的说道："他们的手是举了，但心却不支持我。"

　　主持人目瞪口呆，然后面对观众说："请大家为这位敢于独立思考的女孩鼓掌吧。"瞬间，录播大厅里面响起一片雷鸣般的掌声。

不做旁观者

亲爱的朋友们，当你看到聚光灯下星光闪耀的明星，画布前泼洒色彩的画家，或是书桌上执笔写作的作家时，你是否会感慨，为什么他们可以创造出那么多不一样的感官体验，或许是一种新的演绎方式，是一种新的绘画技巧，也有可能是一种特别的写作风格。

事实上，并不是所有人都可以做到这样，因为创造力只属于积极的人。正在成长的青少年朋友们，你们是否觉得未来还很遥远，所以只是徘徊着旁观着，看着别人留下的风景羡慕不已！

乔治是一名工程师，他很喜欢散步。有一天，他和他的狗到山上散步，却意外地被一株苍耳属性的植物粘住了。乔治当时没有怎么在意，等回家后，他才发现自己和狗狗的身上都粘了很多尖形的植物种子，于是想将这些种子清理掉，却发现怎么也没办法将这些种子弄下来。他想了很多办法，花费了很长时间才终于清理掉这些异常顽固的种子。

当时，他有些疑惑：为什么这些种子会有这么强的黏性呢？抱着这个疑问，他利用显微镜仔细地观察它们。通过显微镜，他看到这些种子的尖穗顶端都是呈钩子状，而正是这些牢固的钩子勾住了他的衣服和狗狗身上的毛。看到这些，他突然想到，如果把这些植物的特性转换到同类原理的纺织产品上会有什么效果呢？他反复的验证，最终发明了尼龙搭扣。如今，我们用的很多东西上都有尼龙搭扣的踪影。乔治用自己的创造力开拓了一片新的天地！

安藤百福在他很小的时候，他的父母就不幸去世了，但他仍然对生活充满着希望。

在一个寒冷的夜晚，他看到人们排着长队在夜市食品摊前买拉面吃，他就想：为什么面一定要到做面的人那里去吃，可不可以做好了直接卖给别人，让大家方便带着，想什么时候吃就可以什么时候吃？于是，就有了方便面的问世。现在，我们在很多地方都可以看到方便面的影子，安藤百福向全世界展现了他的创造力！

很久以前，一对兄弟出生在牧师家庭，他们天真活泼，总是对身边各种事物充满无限幻想，他们的家人也非常疼爱这两个孩子，对于他们那些天真想法总是给予肯定与支持。

一天，兄弟俩的父亲从外地回来了，让他们非常高兴的是，父亲竟然还给他们带了一件很特别的礼物。那是一只名叫"飞螺旋"的玩具，父亲告诉他们这个玩具可以飞上天空，兄弟俩开始不相信，他们觉得只有鸟和蝴蝶等才能飞上高高的天空。父亲当场做了一个示范，飞螺旋果然高高地飞起来了。这个玩具的外形很奇特，顶部有一副螺旋桨，中间挂着橡皮筋，只要转紧橡皮筋，飞螺旋就会快速飞起来。兄弟俩看到这一幕很兴奋，反复地试着，看着飞螺旋飞起又落下，感到很惊奇，人工制造的东西竟然也能飞上天空！渐渐的，他们在脑海中幻想着自己也随着那只神奇的飞螺旋一起飞上广阔的天空，像鸟儿一样自由地翱翔着……

后来，他们家搬到了里奇蒙城，这里的孩子都很喜欢放风筝，兄弟俩也很喜欢，他们经常做各种各样的风筝，和别的小伙伴比赛看谁的风筝飞得更高。每当看到这些美丽的风筝在天空越飞越远，他们的心中对天空的渴望就愈加深了。同时，他们也在想，为什么人就不可以飞上天空呢？于是，他们便想着发明飞机。他们制造的第一架飞机"飞行者一号"在美国北卡罗莱纳试飞成功了。他们就是著名的莱特兄弟，他们用自己的创造力开启人类交通的新篇章，诠释了别样的风景！

通过上述这些故事，我们可以知道，生活赋予每个人的机遇都是一样的，不同的是，有的人选择忽视，有的人却紧紧地抓在手中。

乔治在发现一种植物的种子能牢牢地粘在衣服上时，抓住了上天赐予的机会，他没有像其他人一样，只是将衣服清理干净，而是想到将种子的这种强黏性利用到生活中，并且付诸行动，反复试验，最终发明了尼龙搭扣，从而展现了他的创造力。

当别人只会排队买拉面时，安藤百福却想着如何让买面者吃面更方便，他经过不断地尝试最终使得方便面问世。

莱特兄弟发明飞机也并不是偶然的，他们同样善于抓住机遇。在和小朋友一起放风筝时，当别人都只是希望自己的风筝越飞越高时，莱特兄弟却在想为什么风筝可以飞上天空，人却不可以。他们将想法应用实践，不断地尝试，终于发明了让世界为之震惊的飞机，实现了只有神话中才会出现的场景。

人生是一段奇妙的旅程，在这段旅程中，有的人如破茧的蝴蝶飞向更远的地方，有的人如捏在手中的风筝，尽管风筝上的蝴蝶画得很美，却永远也摆脱不了线的束缚。而成为真正的蝴蝶，还是画中的蝴蝶，都取决于自己。如果只是看着别人越飞越远而自己什么也不做，那或许你就只是一只画中的蝴蝶，再美也飞不高飞不远。这时的你，不仅仅是别人旅途中的旁观者，也是自己旅途中的旁观者，一个失去创造力永远只能默默守在原地的旁观者！

所以，亲爱的同学们，千万不要做旁观者，要相信自己的才能，要观察生活中的点点滴滴，善于抓住每次的机遇，主动出击，敢于尝试自己的奇思妙想，并坚持尝试。面对别人的嘲讽，哪怕再伤心也不要轻言放弃；前路再坎坷，也要努力地走下去。因为风雨过后就是彩虹，哪怕未来并不是想象中的那么美好，只要付出了，就有可能创造不一样的世界！

限制创造力的思维

1. 惯性思维

惯性思维，我们一般也称之为"习惯性思维"，它是由于人们经过长期的固定思维模式来思考问题，从而导致自己的思维和想象力完全按照物体的重力惯性一般按照同一个方向来进行思索。这种"惯性思维"会让我们的创造力受到制约，因为想象力完全依照以前的思维模式，很难得到突破，这便是惯性思维带来的严重弊病。

曾经有一个大学教授进入了一所小学，向孩子们普及想象力的重要性，孩子们纷纷围住教授问东问西，而且许多的小朋友都很骄傲地对教授说："大人们常说，我们小孩子的想象力才是最强的，我们不需要普及想象力，因为我们一直都是最有想象力的。"

教授微微一笑："哦？是吗？你们对自己真的这么有自信？"孩子们异口同声地答道："是的，我们就是最有想象力的人！"教授假装被刁难住了，歪着脑袋想了一想，便对孩子们说道："嗯，那好，现在我给大家出一道关于想象力的题目，如果大家有一个人答对了，我就承认你们比我更有想象力，如何？"孩子们一听，有可以超越教授想象力的机会，纷纷都兴奋起来，坐下听这位大学教授将会提出什么样的问题。

大学教授故作神秘地环视了孩子们一圈，接着开始问第一个问题："请问，青蛙为什么会飞？"

孩子们睁大了眼睛，感到不解，青蛙又没有长翅膀，怎么会飞呢？于是对着教授纷纷摇头，教授猜到了孩子们都没有答上来，便笑吟吟地对孩子们说："答不出来吗？我来告诉你们吧。"小朋友们如同啄米小鸡似的将头点个不停，教授浅笑了一声："告诉你们吧，青蛙之所以会飞，是因为它吃了蚊子哦！"小孩子们一片哗然，纷纷表示这不科学啊，教授摇了摇手，对他们解释道："我不是对大家说了吗，这次我们要讨论的主题是'如何提高大家的想象力'，怎么能这么快就让你们的想象力被束缚了呢？"小朋友们表示同意，接下来，教授提出了第二个问题："请问，蛇为什么会飞？"孩子们目瞪口呆，蛇又怎么会飞呢？接着，一个孩子战战兢兢地举起了手，教授示意他站起来回答问题。孩子犹豫了一下，回答道："因为……因为蛇吃了刚才那只青蛙。"孩子们顿时哄堂大笑，笑的前仰后合，突然，教授却大声地赞扬道："哈，回答正确，很有想象力！"孩子们若有所悟地领略到了回答这种问题的诀窍了。

"好的，看来大家已经掌握到了这种问题的诀窍了吧？"孩子们纷纷点头，"那么，我现在来问你们最后一个问题。"孩子们纷纷睁大了眼睛，想到自己马上就要被证明比这位大学教授还要有想象力了，大家的答题热情就被点燃了。

"嗯，听好了，最后一题：既然青蛙吃了蚊子，青蛙就会飞了；蛇吃了青蛙，蛇也会飞了，那么，请问鹰为什么会飞？"这个问题刚一问出来，孩子们立刻连手都懒得举了，直接纷纷上前抢答道："因为鹰吃了会飞的蛇！""因为鹰吃了仙丹！""因为……"各种各样关于"鹰吃了什么"的答案塞满了教授的耳朵，而这时，教授示意所有的孩子们停止回答，然后径直走向一个坐在角落的女生，问道："你的答案呢？孩子，我看你半天了，你一直没有回答过任何一个问题，现在，我想听听你的回答。"女孩子怯怯地站起来，回答道："鹰为什么会飞？呃，当然能啊，因为，因为老鹰本来就会飞啊！"

所有的孩子们都目瞪口呆，这里面有回答"吃了蛇的"，有回答"吃了仙丹的"，还有回答"既吃了蛇，也吃了青蛙，还吃了蚊子"的，但是，所有的答案，都不如这个女孩子的答案这么直接，这么简洁，这么正确。过了会儿，一个男孩子回过神来，对教授问道："教授，您不是说要让我们发挥想象力的吗？"教授这个时候停止了说笑，他站了起来，对孩子们说道："我刚才已经说过，要证明自己的头脑是否具有非凡的想象力，想象力的意义是什么？不就正是对于自己所想的事物进行合理的构思和幻想吗？在刚才与大家进行的互动中，我发觉大家的想象力都很丰富，但是，你们在最后一个问题上所表现出来的，恰恰是想象力的缺失，你们对于我提出的第一、第二个问题上的盲从，让你们的想象力受到了束缚，从而让你们忽视了自我的判断力，为什么老鹰会飞？如果我一开始就问了你们这个问题，你们是不会答错的，但是你们却因为惯性思维，一个劲儿地跟随着我的思想，而没有跟随你们自己的思想。只有这个女生，只有她能够始终保持自我的清醒，始终坚持用自己的大脑去思考，这才是真正的想象力。"全班所有的同学都低下了头，认识到了自己的错误，同时，也对那个勇于摆托惯性思维的女生投去了敬佩的目光。

德国著名诗人雪莱在小的时候经常帮父亲做家务事。有一天，小雪莱帮父亲加柴火，父亲临时要出门办事，临走前，他嘱咐自己的儿子："雪莱，记得要注意厨房炉灶里的火候，同时还要记得按照新柴与旧柴的顺序依次放进去燃烧，保持正常的热量。"雪莱以前已经做过这种事情了，于是就让父亲放心，自己搬了个小凳子都到厨房里去做事了。

当父亲从外面回家之后，走到厨房一看，小雪莱正迷迷糊糊地将柴火分成了新旧两堆，正左一根右一根地向烧得正旺盛的火炉里塞，父亲大喝一声，雪莱才从中惊醒，停止了加柴。"雪莱，你知道吗？"父亲很严厉地说，"虽然你为了能够更好的加热把柴火分成了两堆，但是你也不能就这样一劳永逸地胡乱添加，你难道忘了我让你干什么吗？"雪莱不服气地说："爸爸，你不就是让我好好添加柴火，不把新柴和旧柴搞混吗？""错了！"父亲呵斥道，"我让你这么做，是为了保证柴火燃烧时的正确与安全，正确与安全才是目的，不是新柴与旧柴的区别而已！"见到儿子还是独自坐在一边赌气，父亲叹了一口气，开始向雪莱诉说了一个故事：

"曾经，有一个人非常想要一夜暴富，他通过自己的努力，找到了一本关于炼金术的书籍，他从书中得知，在遥远的黑海海岸上，存在着一颗石头，这颗石头正是神奇的"点金石"，它拥有的能力就是"点石成金"，以自己的特殊魔法将普通的石头变成宝贵的黄金，他做梦都想要找到它，成为一个掌握着点金术的富翁。"

"那个人真是个执着的家伙，"雪莱赞叹道，"希望我以后坚持去做一件事的时候也能像他那样一路坚持到底。"父亲看见雪莱这样说，摇了摇头，继续讲着故事。

"于是，探险开始了，他通过各种各样的渠道获得点金石的信息，并且跋山涉水，以自己顽强的毅力和聪慧的办事风格，领先所有人到达了黑海的海岸线上，于是，他颤抖着双手，翻开了书籍的最后一页，最后一页只有一句话：'点金石的外貌就是一颗石头，它唯一的区别就是石头间的温度'，他大喜过望，这下自己总算是找到了点金石的特质了，于是，开始了疯狂的寻找工作。每天，天还没亮，他就开始从黑海岸的一端开始向另一端奔走，行走的路上，他将每一只石头都捏在手心里去比较，去观察，既然书中说的是点金石与普通的石子间具有很明显的温度差，那么别无他法，只好用排除法一个一个地去找了。于是，光阴似箭，日久天长，这个淘金人就在一次又一次的失望中寻找了整整数年，但是他从来没有放弃过，每天，黑海岸上的人都都看见他翻着每一块石头，嘴里还念叨着什么。"

"结果呢？结果是什么？爸爸，他找到它了吗？找到点金石了吗？"雪莱开始同情这个人了，但是他依然想要知道寻金的结果。

父亲露出了一丝苦笑："是的，儿子，这个家伙在历经多年之后，终于找到了点金石。"

"太棒了！"雪莱兴奋地跳了起来，就像找到点金石的人是他自己一样高兴，"我就知道他一定会找到的，就凭他那已经成为了习惯似的坚持不懈，他迟早都能找到它。"

"安静，听我把这个故事说完，孩子。"父亲打断了他，"没错，这个执着到近似疯狂的家伙终于找到了这颗点金石，当他摸到了这颗石头的时候，这颗石头呈现在他手里的是一种翡翠温润的感觉，和以往的石子不一样，我们几乎都可以确认，这就是那颗传说中的点金石了。然后，这个人毫不犹豫地将这颗世间最稀有的珍宝，抛进了大海。"

"什么？"雪莱被这个故事突如其来的转折性给惊得呆若木

鸡，"可是，怎么会？爸爸，他终于找到了！他终于找到点金石了，可是他怎么会……他怎么能……"

"看来，"父亲无情地继续着他的这个悲剧故事，"这个人已经被自己习惯性的思维搅乱了脑子了，他原本坚持着的'寻找温暖的点金石'在这长达数年的光阴中，逐渐被自己枯燥而又机械化的行动所替代，他日复一日所做的事情根本就和'点石成金'之类的事情毫无关系，他就只是在翻找石子，然后丢掉它们，就是这样，仅此而已。时间逐渐冲淡了他的创造力和想象力，他对于如何获得点金石的思考已经被捡石子儿的经验给清洗一空了，现在，你懂我的意思了吗？雪莱？"

雪莱惭愧地低下了头，自己所犯的错误与这个可怜的淘金者又何尝不是一样？自己自顾自的进行想象，然后开动脑筋，坚持到底，这原本是好事，但是长此以往却又成了自己的累赘，逐渐让自己失去了最初的目标，最后酿成了自己的悲剧。

惯性思维就是这样危险，它不仅会以正常的思维模式作为自己的伪装，还会让人们自己成为自己的绊脚石，它会让人以一两次的成功经验和以往的思考历史作为模板，让自己去生搬硬套，却没有注意到自己的创造力变得越来越薄弱，自己的想象力也越来越被束缚。我们不能让惯性思维成为捆绑我们思想的桎梏，我们不仅要用自己大脑去思考这些问题，更要用一颗正确的心去观察这些问题的本质，不要让惯性思维为我们的想象之翼扣上枷锁。

2. 偏见思维

中国古时候的先贤曾经说过这样一句话："不因人废言，不因言废人。"这句话的意思就是不能因为凭借自己的一时好恶，而否定一个人说过的所有话，同时也不能因为历史经验的偏见，而去观察这个世界。将这种思想宏观扩大到全世界，也是可以的，现在仍然还有不少国家和地区对部分地域有着歧视心理，歧视本身就会形成对创造力的破坏，原本可以通过借鉴和学习得来的知识和智慧，就这样因为文化上的否定，而失之交臂。

爱因斯坦是世界最著名的物理学家之一，他是一个德国科学家，早在他成名前，德国法西斯势力就开始残酷地迫害犹太族人，为此，就连向来提倡和平而且完全没有敌意的犹太科学家们也深受其害。爱因斯坦因此被迫离开了自己的祖国，从而以犹太裔的身份加入了美国国籍，直到最后，爱因斯坦以及其他遭受德国法西斯势力歧视和迫害的优秀科学家们提出了创造全新武器——核武器的计划，最终，为结束二战，打败德国法西斯势力也提供出了重要的帮助。德国法西斯不仅失去了一次伟大的核武器创新机会，失去了一位举世闻名的科学家，更失去了数十年来国家经济建设的成果，还为自己树立了数量庞大的犹太族敌人，真可谓是"一举多失"啊。

无独有偶，这样一则古老的寓言也讲述了这样一个道理：历史经验有时候也会阻碍人的创造思维。

从前，有个以卖草帽为生的人，一天，他在一颗大树下休息。由于太疲劳了，他不知不觉在树底下睡着了。等他醒来时，发现

185

身旁的一堆帽子都不见了,抬头一看,树上有很多猴子,而每只猴子的头上都有一顶草帽。他大吃一惊,如果帽子不见了,他拿什么东西去做生意呢。突然,他想到猴子喜欢模仿人的动作,于是试着举起左手,果然猴子也跟着他举左手;他拍拍手,猴子也跟着拍拍手。

卖帽子的人赶紧把头上的帽子拿下来,丢在地上。猴子也学着他,将帽子纷纷扔在地上。

卖帽子的高高兴兴地捡起帽子,回家去了。回家之后,他将这件事情告诉他的儿子和孙子。

多年以后,他的孙子继承了家业,也到处走街串巷卖帽子。一天中午,他和爷爷一样,也在大树下睡着了,而帽子也同样地被猴子拿走了。

孙子想到爷爷曾经告诉他的方法。于是,他举起左手,猴子也跟着举起左手;他拍拍手,猴子也跟着拍拍手,这人心想:爷爷说的办法真管用,这群猴子可真傻。

最后,他摘下帽子丢在地上;可是,奇怪了,猴子竟然没有跟着他做,还冲着他龇牙咧嘴。

不久之后,猴王出现了,把孙子丢在地上的帽子捡起来,还用力地拍了一下孙子的后脑勺,说道:"傻小子!猴子也有爷爷的。"

3.定势思维

一位心理学家曾说:"如果在一个人的房间里挂上一只空鸟

笼,那么不久之后他便真的会买一只鸟回来,然后把它放在里面。"乔治不信,于是就和心理学家打赌。心理学家买来一只瑞士鸟笼,非常的漂亮,把它挂在了乔治的起居室的桌子边。结果,所有进到房间里的人,都不约而同的问乔治:"你的鸟怎么死了?"乔治淡淡地答道:"我根本就没养过鸟。""那你放一只空鸟笼干嘛?"乔治沉默着无法解释。

后来,不断的有人到乔治的房间里来,也不断的在问同样的问题,乔治被问得十分烦躁,心情也特别不好。无奈之下,为了不再听到这些同样的问题,乔治只能买一只鸟放在里面。他也不明白自己最后为什么会这样做。心理学家解释道:"和解释为什么要摆一只空鸟笼相比,买一只鸟放进去更简单些。"

生活中,人们也经常会有这种类似于"有笼必有鸟"的心里模式,觉得有这样东西在,就必定有那样东西和它一起存在;而实际情况,往往又并非如此。如果不勇于打破这种固定的心里模式,那么在很多时候思维就会受到一定程度的限制而无法自由发挥,所以无论在学习中还是在生活中,都应拒绝这种定式思维,给大脑足够自由的空间。

狗鱼是鱼类的一种,他们非常善于攻击,总是喜欢攻击一些比它们弱小的鱼类。科学家们曾经做过一个非常有趣的实验,他们在一个玻璃缸的中间放上一块透明玻璃,玻璃的一边放狗鱼,另一边放小鱼。刚开始的时候,狗鱼一直都坚持不懈地对小鱼进行攻击,即便每一次都狠狠的撞在透明玻璃上。但是慢慢地,狗鱼放弃了这种毫无结果的攻击行为。当工作人员把鱼缸中间的这块透明玻璃拿走的时候，狗鱼竟然毫无察觉，也不会再对小鱼有任何的攻击行为。人们把这个有趣的现象叫做狗鱼综合征。它的特点就是：对周围发生的变化视而不见，自以为是的滥用经验，不但墨守陈规，而且缺乏在压力下采取有效行动的能力。

思维定势，其实是一件非常可怕的事情。世界在不断的变化，周围的一切也在不断的变化，为了不像狗鱼一样，所以我们要不断的学习新的知识、不断地更新各种观点和理念，并且要在不断的变化中及时调整策略，以便更好的去指导行为。

世界著名的美籍俄国科学家阿西莫夫，讲过一个关于他自己的小故事。

阿西莫夫从小就非常聪明，他在年轻的时候曾多次参加"智商测试"，得分一直都在 160 分左右，算是"天赋极高"之人。一次，他遇到了一个做汽车修理工的老熟人。修理工半开玩笑似的对阿西莫夫说："我来出道题考考你的智力，看你是否能回答正确。"阿西莫夫认真地点点头。修理工说道："一个聋哑人想买钉子，来到五金商店的时候，便对着售货员做了一个手势，左手食指竖直的放在柜台上，右手握紧然后不断地敲击着左手的食指。售货员拿出一把锤子，聋哑人摇头，于是售货员拿来一些钉子，聋哑人见了开心的笑起来。售货员终于明白，原来他想买的是钉子。""聋哑人刚一走出商店，便进来一个盲人。请问，如果这位盲人想买一把剪刀，他应该如何做呢？"阿西莫夫满脸轻松的答道："肯定是这样做了……，一边说着，还用手做出一个剪刀的形状。修理工开怀大笑，回答道："我就知道你肯定会答错。盲人想买剪刀，他直接和售货员说不就可以了吗，为什么还要做个手势呢，那不是多此一举吗？"

阿西莫夫听后，觉得有些无地自容，如此简单的问题，自己竟然都能回答错。而那位看似普通的修理工，却一语道破阿西莫夫心中的疑惑。"一切皆因你受过的教育太多，而教育，又总是缺乏创新，所以你不可能太过聪明！"

智商超群的阿西莫夫因为惯性思维，在看似很简单的问题上犯了十分愚蠢的错误，其实我们每个人都不过如此。很多事情养成习惯之后都会很难改变，思维也是一样。所以，要有意识的去打破这种惯性思维，让思维在更广阔的空间里穿行。

科学家们曾用猴子做过一个实验：在一个密闭的房间里放4只猴子，每天都给它们很少的食物，猴子们饿的吱吱直叫。几天后，实验者把一串香蕉放在房间上面的小洞下，其中一个饿的快要不行的猴子赶紧冲上前来，就在它马上就要拿到香蕉的时候，预设的机关开始泼出滚烫的热水，结果这只猴子被烫伤了，另外的三只猴子依次上前来拿香蕉，结果也一样的被热水烫伤。于是，所有的猴子都只能眼巴巴的望着香蕉，没有谁再敢上前来拿。

又过了几天之后，实验者放一只新的猴子到房间里，当这只新来的猴子跃跃欲试的想要去摘香蕉时，立刻被其他几只老猴子制止，并且告诉它那里有危险，不可以再次尝试。实验者再放一

189

只新猴子进来，不但两只老猴子制止它，就连在它之前来的那只没有被开水烫伤过的猴子也制止它。

工作者继续试验，依次换掉了所有的猴子，有趣的事情发生了。热水机关早就关闭了多时，但却始终没有一个猴子敢爬上去摘香蕉，即便是在它们最最饥饿的时候。它们在口耳相传中，用"组织惯性"约束着每一个关进房间里的猴子。

这个简单的实验所证明的就是群体惯性形成的过程。在不断变化的市场环境中，企业要想获得更好的发展，就必须紧跟时代发展的步伐，及时作出正确的调整。否则，就会像实验中的那群猴子一样，被群体惯性牢牢束缚，白白失掉很多机会。

很多成功的企业，自然有它赢得成功的道理所在，比如强大的竞争力、先进的经营管理理念，但如果无视不断变化着的客观环境，高傲地行走在"成功经验"的道路上，那么这种"成功经验"将会逐渐演变为企业内部的组织惯性，昔日的辉煌也将成为前进路上的羁绊。

任何一个集体，都要有它的凝聚力、向心力，大家要拥有共同的目标和追求，但切记不可因组织惯性将大家牢牢束缚在固定的模式上。群体惯性，无异于集体洗脑。群体要想获得更好的发展，便要主动规避这种群体惯性的负面影响。

4.线性思维

老王开着一辆北京吉普外出，车子本来就破，用老王自己的话说就是"除了喇叭不响什么都响"，偏偏又在半路上抛锚。漆黑的夜晚，老王初步判断是油耗尽了。想要下车去检查一下油箱，结果发现没有带手电筒，于是就顺手拿出打火机，准备用它照明。结果，"轰"的一声巨响，打火机的火引爆了油箱。车子报废了，老王躺在医院里，毁了容，唯一值得庆幸的就是捡了一条命回来。事后他清醒地说道："只是想借打火机的光，看看油箱里还有多少油，当时根本就没有想到，打火机的火，会引爆油箱最终烧到自己。"这是关于"线性思维"非常典型的一个案例。

所谓线性思维，主要有两大特点：一是多元问题一元化，二是一维直线思维处理一元问题。简而言之，就是把复杂的问题归结为一个简单的问题，并予以处理，同时撇开其他问题和矛盾，使之成为具有非此即彼答案的问题。

线性思维的可怕，在于它注重复杂问题所最突出的那部分，而完全忽视掉其他的矛盾所在。殊不知，事物之间是普遍联系的，事物之间的联系具有普遍性的特点。正确处理问题的方法，是要具有全局观念，要从整体上把握问题，权衡利弊后优先做出决断。